海洋遥感
微波辐射计应用

Microwave Radiometer Applications for
Marine Remote Sensing

韩 震 张雪薇 著

上海交通大学出版社
SHANGHAI JIAO TONG UNIVERSITY PRESS

内容提要

本书系统介绍了海洋微波辐射计的理论和应用。主要内容有微波辐射计海表面盐度遥感理论基础、微波辐射计射频干扰特征分析及后向散射系数与海表面风场关系、微波辐射计海表面亮温仿真、微波辐射计海表面亮温与风矢量的关系、微波辐射计海表面盐度遥感反演及数据质量评估和微波辐射计海表面盐度遥感神经网络模型预测。

本书主要面向卫星遥感、海洋遥感等领域,可供海洋科学专业研究生选作教材,海洋科学和海洋技术专业高年级本科生选作参考书,同时也可供从事海洋科学研究的相关工作人员选作参考书。

图书在版编目(CIP)数据

海洋遥感微波辐射计应用 / 韩震,张雪薇著. —上海: 上海交通大学出版社,2023.12
ISBN 978‐7‐313‐29390‐9

Ⅰ.①海… Ⅱ.①韩… ②张… Ⅲ.①海洋遥感—微波辐射计—应用 Ⅳ.①P715.7

中国国家版本馆 CIP 数据核字(2023)第 168266 号

海洋遥感微波辐射计应用
HAIYANG YAOGAN WEIBO FUSHEJI YINGYONG

著　　者:	韩　震　张雪薇		
出版发行:	上海交通大学出版社	地　　址:	上海市番禺路 951 号
邮政编码:	200030	电　　话:	021‐64071208
印　　制:	苏州市古得堡数码印刷有限公司	经　　销:	全国新华书店
开　　本:	880 mm×1230 mm　1/32	印　　张:	5
字　　数:	111 千字	审 图 号:	GS(2023)3953 号
版　　次:	2023 年 12 月第 1 版	印　　次:	2023 年 12 月第 1 次印刷
书　　号:	ISBN 978‐7‐313‐29390‐9	电子书号:	ISBN 978‐7‐89424‐452‐9
定　　价:	58.00 元		

前言
PREFACE

　　随着环境问题的日益加剧,越来越多的国家认识到环境保护的重要性和紧迫性。相比于陆地环境监测,海上环境监测受到海洋观测数据短缺的影响,早期只能利用站点、浮标和船舶等数据进行小规模沿海海域的环境监测。随着海洋测量方法的进步,卫星数据已广泛应用于海洋环境监测中。与传统的地面观测相比,卫星数据可以覆盖更广泛的空间范围,从而降低了环境监测的成本,提高了环境监测的效率。

　　本书系统介绍了海洋微波辐射计的理论和应用。本书是作者和指导的研究生多年共同研究成果的结晶,多数成果已在国内外刊物上发表。参与相关研究工作的研究生有张雪薇、周玮辰、王艺晴、吴义生、张宜振和李化良等。在此,作者对上述同学致以诚挚的谢意。我们相信随着卫星对地观测产业和卫星技术的持续发展,微波辐射计将在维护我国海洋权益、保护海洋环境、开发海洋资源和减轻海洋灾害等方面发挥更大的作用。

由于资料获取利用的局限性和作者学识的不足,书中的疏漏和错误之处,敬请同行专家和广大读者给予批评指正。

韩 震

2023 年 2 月

目录
CONTENTS

1

第1章 绪 论

1.1 微波辐射计

构成地球表面的物质通过热辐射会辐射出电磁波,测量这种电磁波中地球热辐射的绝对量并观测地表或大气的传感器是辐射计。微波辐射计不受昼夜和气象条件的限制,可以全天候地进行遥感工作。随着土壤水分和海洋盐度(soil moisture and ocean salinity,SMOS)卫星、Aquarius/SAC‐D 卫星以及主被动土壤湿度(soil moisture active passive,SMAP)卫星的相继发射,星载微波辐射计海表面盐度遥感逐渐走向业务化。由于 SMOS、Aquarius 和 SMAP 卫星使用的传感器、检索算法和纠错策略上存在差异,其网格化产品略有不同[1]。

1.1.1 SMOS 卫星

2009 年 11 月,欧洲空间局(European Space Agency,ESA)SMOS 卫星成功发射,作为世界上最早同时用于土壤水分和海水盐度观测的卫星,其在全球气候发展和变化观测领域中起到了关键作用。SMOS 卫星是采用 L 波段孔径综合技术的微波成像仪(microwave imaging radiometer with aperture synthesis,MIRAS)。

表 1-1 为 SMOS 卫星的主要参数，表 1-2 为 SMOS 卫星数据产品，其下载网址为 https://eo-sso-idp.eo.esa.int。

表 1-1 SMOS 卫星主要参数

参　　数	信　　息
发射时间	2009 年 11 月
传感器	基于孔径综合技术的微波成像仪
工作波段	L 波段(1.40~1.427 GHz)
接收单元数/个	69
极化方式	H、V 或全极化
空间分辨率/km	30~90
入射角变化范围/(°)	0~65
卫星轨道	太阳同步轨道
轨道高度/km	758
重访周期/d	3~5

表 1-2 SMOS 卫星数据产品

数据产品	数　据　介　绍
原始数据	卫星接收的原始格式数据
L0	对原始数据进行重新格式化后得到的格式数据
L1	(a) 对 L0 数据进行单位转换、重新定格和校准后得到的亮温矢量数据 (b) 对 L1(a)数据进行图像重构后得到的天线极化参照系下亮温的傅里叶分量 (c) 对 L1(b)亮温进行地理定位重组后得到的天线极化参照系下的 IESA 网格上以轨道为单位的亮温
L2	对 L1(c)亮温进行迭代反演后得到的 IESA 网格上的基于 3 种不同反演算法的轨道海表面盐度场
L3	对 L2 海表面盐度进行时空重组后得到的不同时空分辨率的网格化海表面盐度场

1.1.2　Aquarius/SAC‐D 卫星

Aquarius/SAC‐D 卫星最重要的科学探测仪器就是美国研制的"宝瓶座"。它由被动式的 L 频段推扫式微波辐射计和主动式的 L 频段散射计组成,具有辐射分辨率高、精度与稳定性好的优点。前者用于测量海表面的微波辐射亮温,工作频率为 1.413 GHz;后者用于测量海表面的后向散射强度,工作频率为 1.260 GHz,也可测量海表面粗糙度,对辐射亮温数据进行修正。表 1‐3 为 Aquarius/SAC‐D 卫星的主要参数,表 1‐4 为 Aquarius/ SAC‐D 卫星数据产品,其下载网址为 http://oceancolor.gsfc.nasa.gov/cgi/aquarius/。

表 1‐3　Aquarius/SAC‐D 卫星主要参数

参　　数	信　　息
发射时间	2011 年 6 月
卫星寿命	最短 3 年
传感器	基于孔径综合技术的微波成像仪
工作频率	1.413 GHz(微波辐射计);1.260 GHz(散射计)
极化方式	多种极化方式(H、V、45°斜极化)
空间分辨率/km	150
时间分辨率/d	7、30
倾斜角/(°)	98
卫星轨道	太阳同步轨道
轨道高度/km	7
重访周期/d	657

3

表 1 - 4　Aquarius/SAC - D 卫星数据产品

数据产品	数 据 介 绍
L0	仪器所接收的未处理的原始数据
L1	（a）重构的原始数据 （b）校准后的微波辐射计和散射计的数据
L2	（a）对 L1 数据进行大气校正后的数据 （b）对 L2(a)数据进行定标,且利用散射计数据修正的海表面粗糙度
L3	不同时间和空间尺度下的海表面盐度产品

1.1.3　SMAP 卫星

美国国家航空航天局（National Aeronautics and Space Administration，NASA）于 2008 年启动 SMAP 任务,通过对卫星系统和任务的研究后于 2013 年 5 月开始集成测试,2015 年 1 月 31 日使用德尔塔 II 型火箭在加利福尼亚范登堡空军基地发射 SMAP 卫星,同年 4 月正式开始观测。该卫星的主要任务是探测土壤湿度,是 NASA 首颗土壤水分观测卫星,也可用于海水盐度和海表面风场的反演,搭载了 L 波段（1.4～1.427 GHz）微波辐射计和散射计。表 1 - 5 是 SMAP 卫星及微波辐射计的主要参数,表 1 - 6 是 SMAP 卫星数据产品,其数据下载网址为 http://www.remss.com。

表 1-5　SMAP 卫星及辐射计主要参数

卫星及辐射计参数	信　　　息
发射时间	2015 年 1 月
设计寿命/a	3
传感器	散射计(主动)和微波辐射计(被动)
工作波段	L 波段(1.4~1.427 GHz)
轨道高度/km	685
轨道重访周期/d	8
辐射计极化方式	H、V
辐射计精度/K	1.3
辐射分辨率/K	0.8~2.2
辐射计空间分辨率/km	35~40
辐射计时间分辨率/d	3

表 1-6　SMAP 卫星数据产品

数据产品	数　据　介　绍
L1B_S0_LoRes	时间序列中的低分辨率散射计数据
L1B_S0_HiRes	幅宽栅格中的高分辨率散射计数据
L1B_TB	时间序列中的微波辐射计亮温数据
L1C_TB	地面栅格中的微波辐射计亮温数据
L2A	(a) 地面栅格中的天线亮温数据 (b) 辅助资料 (c) 含有盐度和校正前后的亮温数据
L3	8 天平均盐度数据和月平均盐度数据

1.2　海表面盐度遥感

海水盐度是海水含盐量的标度,是海水重要的物理和化学参量。海表面盐度是认识和揭示海洋现象的基本参量之一,是研究温盐环流、海气相互作用和全球气候变化的重要依据。相较于海表面温度,人们对海表面盐度的认识任重而道远。走航观测与浮标观测等传统技术手段获取的海表面盐度数据存在时间连续性和空间分布密度不足的问题,卫星遥感具有全天候、全天时监测大面积海洋环境要素的特点,可以较好地解决海表面盐度数据严重不足的问题。

1.3　海表面盐度微波辐射计遥感

由于光学遥感受云和天气等外界因素影响较大,国内外众多学者将研究的目光投向微波遥感。目前海表面盐度遥感工作主要是利用微波辐射计开展的。1977 年,Klein 等研究发现海表面亮温与微波辐射频率、入射角、海表面温度及海表面盐度有关,建立了海表面亮温和海表面盐度以及海水温度之间的关系式,并根据此关系式用已知海表面亮温数据成功反演了海表面盐度数据,对后来建立的卫星微波遥感算法提供了理论依据[2]。2003 年,Waldteufel 等针对 MIRAS 提出了利用基于贝叶斯理论的最大似然迭代算法反演海表面盐度[3]。2006 年,陆兆轼等通过水池实验研究了 L 波段微波辐射与盐度之间的关系,并在此基础上反演了盐度,发现双极化反演方法优于单一极化方式的反演效果[4]。

2008 年,Ammar 等使用神经网络方法对 SMOS 卫星仿真数据进行反演,并指出该方法可以有效减小反演误差及区域偏差,为盐度遥感反演提供了新途径[5]。2013 年,王新新等利用 SMOS 卫星海洋盐度数据产品与实测 Argo 数据和走航数据进行匹配,采用统计学的方法对 SMOS 卫星数据的准确度进行了评估,发现由于海表粗糙度和陆地射频干扰作用影响,匹配数据的线性关系不显著[6]。2016 年,鲍森亮等基于散点实测盐度数据,对 SMOS 卫星和 Aquarius 卫星网格化产品在全球海域和局部海域的数据精度以及对海洋现象模拟能力两个方面进行质量评估,研究结果表明,Aquarius CAP 产品精度比 SMOS 产品的高,SMOS 卫星低纬度产品数据质量比开阔海域产品数据质量相对较高,但在高纬度和近岸海域仍存在较大误差,需开展进一步的订正处理[7]。2019 年,Bao 等利用现场网格数据和浮标数据对 Aquarius、SMOS 和 SMAP 三种卫星产品的精度进行了评估,研究发现 Aquarius 卫星月均盐度产品质量最好,SMOS 和 SMAP 卫星在开阔海域的产品数据与现场实测资料吻合较好[8]。2019 年,Dinnat 等将 Aquarius、SMOS 和 SMAP 三种卫星传感器的盐度反演结果与漂流浮标 Argo 网络的原位观测结果进行了比较,发现三颗卫星的海表面盐度误差都与海表面温度有很强的相关性,但这种相关性随传感器的不同而显著变化,产生差异的主要原因是介电常数模式和大气校正[9]。2020 年,Reul 等研究发现,与 SMOS 和 SMAP 卫星相比,Aquarius 卫星的辐射噪声显著降低;在算法上,SMOS 和 SMAP 卫星反演算法更依赖外部辅助风速数据来间接表征辐射计轨迹中的海表面粗糙度状态[10]。从前人的研究结果来看,想要准确并且大范围地获得海表面盐度数据不能仅仅依靠实测数据,微波辐射计是进行海表面盐度监测的有效手段。但是由于影响海表面盐度的因素较多,导致微波辐射计反演的海表面盐度精度较低,因此需要正演模型和反演算法的不断提高和精细化,才能得到更高的反演精度。

第 2 章　海表面盐度微波辐射计遥感机理

2.1　海表面亮温遥感机理

微波辐射对海水的穿透性较弱，因此使用盐度微波遥感技术测量得到的海水盐度实际上指的是海表面盐度（sea surface salinity，SSS）。从 20 世纪 60 年代开始，国外就开展了利用机载微波辐射计进行盐度遥感的研究，并且在 20 世纪 70 年代建立了海面盐度遥感的基本理论体系[11]。目前，国内外科学工作者已掌握了多种海水盐度测量方法，主要有高精度电导率法、光纤传感测量盐度法、微波或红外辐射卫星遥感技术以及紫外吸收、拉曼散射光谱法等[2,12]。

2.1.1　基本原理

根据普朗克辐射定律，黑体的辐射度为

$$L(\lambda) = \frac{2hc^2}{\lambda^5} \cdot \frac{1}{\exp[hc/(k_b T\lambda)] - 1} \qquad (2-1)$$

$$L(f) = \frac{2hf^3}{c^2} \cdot \frac{1}{\exp[hf/(k_b T)] - 1} \qquad (2-2)$$

式中，λ 为波长；f 为频率；h 为普朗克常数，其值为 6.626×10^{-34} J·s；c 为光速(真空中值为 2.998×10^{8} m·s^{-1})；T 为黑体温度(单位为 K)；玻尔兹曼常数 $k_b = 1.381 \times 10^{-23}$ J·K^{-1}。

当物体以地表温度辐射，且频率小于 600 GHz 时，$fh/(k_b T) \ll 1$，由泰勒公式得

$$\exp[hf/(k_b T)] \cong 1 + hf/(k_b T) \qquad (2-3)$$

那么将式(2-3)代入式(2-2)，可以得到瑞利-金斯定律(Rayleigh-Jeans Law)：

$$L(f) \cong \frac{2f^2 k_b T}{c^2} = \frac{2k_b T}{\lambda^2} \qquad (2-4)$$

式(2-4)代表了黑体的辐射度 $L(f)$ 与海表面温度的关系。通过它可以用已知的辐射度来计算海水温度，当然这个温度并不是真正意义上的海水温度，而是海表面亮温。但由于地球是灰体而不是黑体，其发射的辐射度数值要比相应的黑体小，亮温数值也比真正意义上的海表面温度小[13]。

海表面亮温由平静海表面亮温 $T_{b,\,flat,\,p}$ 和由粗糙度引起的亮温增益 $\Delta T_{b,\,rough,\,p}$ 组成：

$$
\begin{aligned}
& T_{b,\,p}(\theta,\ \text{SST},\ \text{SSS},\ P_{rough}) \\
& = T_{b,\,flat,\,p}(\theta,\ \text{SST},\ \text{SSS}) + \Delta T_{b,\,rough,\,p}(\theta,\ \text{SST},\ \text{SSS},\ P_{rough})
\end{aligned}
$$

$$(2-5)$$

式中，θ 为微波辐射计的入射角；下标 p 为微波辐射计的极化方式(H/V 极化)；SSS 为海表面盐度；SST 为海表面温度；P_{rough} 为粗糙度参数。

2.1.2　平静海表面亮温

平静海表面亮温 $T_b(\theta)$ 与海表面温度 SST、海表面发射率 $e(\theta)$ 的关系式为

$$T_b(\theta) = e(\theta) \cdot SST \qquad (2-6)$$

$$e(\theta) = 1 - \rho(\theta) \qquad (2-7)$$

式中,$\rho(\theta)$ 为菲涅耳反射率。

海表面平静时,H 和 V 极化方式下,菲涅耳反射率可以定义为海水介电常数和入射角的函数,公式如下:

$$\rho_H(\theta) = |R_H(\theta)|^2 = \left| \frac{\cos\theta - \sqrt{\varepsilon_r - \left(\dfrac{n}{n'}\right)^2 \sin^2\theta}}{\cos\theta + \sqrt{\varepsilon_r - \left(\dfrac{n}{n'}\right)^2 \sin^2\theta}} \right|^2 \qquad (2-8)$$

$$\rho_V(\theta) = |R_V(\theta)|^2 = \left| \frac{\varepsilon_r\cos\theta - \sqrt{\varepsilon_r - \left(\dfrac{n}{n'}\right)^2 \sin^2\theta}}{\varepsilon_r\cos\theta + \sqrt{\varepsilon_r - \left(\dfrac{n}{n'}\right)^2 \sin^2\theta}} \right|^2 \qquad (2-9)$$

式中,θ 为微波辐射计的入射角;$R_H(\theta)$ 为 H 极化下的菲涅耳反射率;$R_V(\theta)$ 为 V 极化下的菲涅耳反射率;ε_r 为海水的相对复电容率;$n = \varepsilon_r$ 为海水的复折射率;n' 为海水复折射率的实部。

2.1.3　粗糙海表面亮温

2.1.3.1　双尺度模型

双尺度模型可应用于真实粗糙海表面的大尺度波浪斜率的概

率分布和当地小尺度面元自发辐射的效应。双尺度模型由波长较小的波动和波长较大的波动组成。波长与微波辐射计频率对应的电磁波波长相当的波动称为波长较小的波动,其对电磁波的作用主要是散射;波长与电磁波波长相比较长,大于 10 倍电磁波长的波动称为波长较大的波动,其对电磁波的作用主要是反射。小波动叠加于大波动之上,微波辐射计接收到的信号是两种尺度波动共同作用的产物[14]。

双尺度模型是将海表面粗糙尺度分为大尺度和小尺度两种,把不同尺度的波叠加起来计算海表面亮温,其计算公式如下:

$$\mathrm{TB}_{\mathrm{sea}}(\theta, \varphi) = \iint T_{\mathrm{B,1}}(\theta, \varphi) P(S_x, S_y) \cdot (1 - S'_x \tan \theta) \mathrm{d} S_x \mathrm{d} S_y$$

$$(2-10)$$

式中,P 为高斯分布函数(其宽度取决于大尺度波的均方差);θ 为入射角;φ 为方位角;S_x 为逆风方向的海表面坡度;S_y 为侧风方向的海表面坡度;S'_x 为沿微波辐射计方位角观测方向所得的海表面坡度;$T_{\mathrm{B,1}}(\theta, \varphi)$ 为大尺度波的局部亮温。

2.1.3.2 小斜率近似模型

双尺度模型对一阶不均匀散射和二阶均匀散射的积分分别进行计算,而小斜率近似模型则是将两者结合到一起。不均匀散射和均匀散射分别计算高度较大的海面时,都会出现数值巨大的情况;而将两者结合后,由于抵消作用则不会出现数值巨大的情况。后者对于提高数值计算的精度相当有利。因为海洋中振幅较大的波动仍可能满足斜率较小的条件,所以小斜率近似理论的适用范围相对于小扰动近似更加广泛。双尺度模型更适用于处理陡峭大波的情况。根据小扰动近似理论得到的全极化方式下海表面亮温

的斯托克斯矢量公式为

$$
\begin{bmatrix} T_{BH} \\ T_{BV} \\ T_U \\ T_V \end{bmatrix} = T_S \left(\begin{bmatrix} 1 - |R_{hh}^{(0)}|^2 \\ 1 - |R_{vv}^{(0)}|^2 \\ 0 \\ 0 \end{bmatrix} - \begin{bmatrix} \Delta e_h(f, \theta_i, \varphi_i) \\ \Delta e_v(f, \theta_i, \varphi_i) \\ \Delta e_3(f, \theta_i, \varphi_i) \\ \Delta e_4(f, \theta_i, \varphi_i) \end{bmatrix} \right)
$$

$$(2-11)$$

式中，T_{BH} 为海表面亮温的斯托克斯第一分量（水平极化亮温分量）；T_{BV} 为海表面亮温的斯托克斯第二分量（垂直极化亮温分量）；T_U 和 T_V 分别为海表面亮温的斯托克斯第三分量和第四分量，反映垂直和水平极化亮温分量之间的相关性；T_S 为海表面温度；$R_{hh}^{(0)}$ 和 $R_{vv}^{(0)}$ 分别为水平与垂直极化方式下的菲涅耳反射系数；Δe_h、Δe_v、Δe_3 和 Δe_4 分别为由海表面粗糙度所产生的斯托克斯第一、第二、第三和第四分量海表面发射率；f、θ_i、φ_i 分别为辐射计频率、入射角和方位角。

2.1.3.3　经验模型算法

对于经验算法，其优点是经验算法不需要直接对辐射或散射模型进行计算，计算速度快；其缺点是该算法得到的盐度反演精度对匹配样本的质量、数量等依赖性较强，且物理过程不明显，对于一些异常现场的反应较差。经验模型（见表 2-1）来自实验数据，其通用公式如下：

$$
T_{B,P}^{rough} = T_{B,P} + \Delta T_{B,P}^{R} \tag{2-12}
$$

式中，$T_{B,P}$ 为平静海表面亮温；$\Delta T_{B,P}^{R}$ 为海表面粗糙度引起的亮温变化；$T_{B,P}^{rough}$ 为粗糙海表面辐射亮温。

表 2 - 1 常用的经验模型

模型名称	水 平 极 化	垂 直 极 化	适用条件
Hollinger 模型	$\Delta T_{B,H}^{R} \approx 0.2\left(1+\dfrac{\theta}{55°}\right)U_{10}$	$\Delta T_{B,V}^{R} \approx 0.2\left(1-\dfrac{\theta}{55°}\right)U_{10}$	$U_{10} < 3$ m/s
WISE 模型	$\Delta T_{B,H}^{R} = 0.25\left(1+\dfrac{\theta}{118°}\right)U_{10}$ $\Delta T_{B,H}^{R} = 1.09\left(1+\dfrac{\theta}{142°}\right)SWH$	$\Delta T_{B,V}^{R} = 0.25\left(1-\dfrac{\theta}{45°}\right)U_{10}$ $\Delta T_{B,V}^{R} = 0.92\left(1-\dfrac{\theta}{51°}\right)SWH$	3 m/s $< U_{10} <$ 12 m/s
Camps 模型	$\Delta T_{B,H}^{R} = 0.25\left(1+\dfrac{\theta}{188°}\right)U_{10}$ $\Delta T_{B,H}^{R} = 1.09\left(1+\dfrac{\theta}{142°}\right)SWH$	$\Delta T_{B,V}^{R} = 0.24\left(1-\dfrac{\theta}{45°}\right)U_{10}$ $\Delta T_{B,V}^{R} = 0.92\left(1-\dfrac{\theta}{51°}\right)SWH$	$U_{10} \geqslant 2$ m/s
Gabarró 模型	$\Delta T_{B,H}^{R} = 0.12\left(1+\dfrac{\theta}{24°}\right)U_{10} +$ $0.59\left(1-\dfrac{\theta}{50°}\right)SWH$	$\Delta T_{B,V}^{R} = 0.12\left(1-\dfrac{\theta}{40°}\right)U_{10} +$ $0.59\left(1-\dfrac{\theta}{50°}\right)SWH$	$U_{10} > 12$ m/s

表 2 - 1 中,θ 为入射角;U_{10} 为风速;$\Delta T_{B,H}^{R}$ 为水平极化状态下的风生海表面亮温增量;$\Delta T_{B,V}^{R}$ 为垂直极化状态下的风生海表面亮温增量;SWH 为有效波高。

2.2　海表面盐度遥感机理

海水的介电常数与盐度和温度有关,可以通过德拜(Debye)方程计算:

$$\varepsilon_r(\omega, \text{SST}, \text{SSS}) = \varepsilon_\infty + \frac{\varepsilon_S - \varepsilon_\infty}{1 - (i\omega\tau)^{1-\partial}} + i\frac{\sigma}{\omega\varepsilon_0} \quad (2 - 13)$$

式中,$\omega = 2\pi f$,为电磁波的角频率;ε_r 为海水的复相对电容率;SST 为海表面温度;SSS 为海表面盐度;ε_S 为静态相对电容率;ε_∞ 为无限高频相对电容率;ε_0 为真空电容率[值为 8.854×10^{-12} (F/m)];σ 为离子电导率;∂ 为经验常数;τ 为张弛时间。

根据 Klein-Shift 模式[15],海表面亮温 $T_{b,p}$ 可以表现为微波辐射计频率、微波辐射计入射角、SSS 和 SST 的函数,公式如下:

$$T_{b,p} = F(f, \theta, \text{SSS}, \text{SST}) \quad (2 - 14)$$

当其他变量已知时,就能够通过亮温反演得到 SSS:

$$\text{SSS} = F^{-1}(T_{b,p}, f, \theta, \text{SST}) \quad (2 - 15)$$

由式(2 - 15)可知,根据 $T_{b,p}$ 与 SSS 的关系,通过微波辐射计观测到 $T_{b,p}$ 后,再利用算法反演 SSS,即能够从微波辐射计测量得到的 $T_{b,p}$ 中反演出 SSS。

2.3 反演精度因素分析

2.3.1 大气影响

微波能够穿透较薄的云层,因此微波辐射计被称为全天候卫星探测器。微波的波长比可见光和红外的波长大几个量级,而大气层空气分子和气溶胶的粒径远小于微波的波长,因此,大气中各种粒子的散射对于微波辐射计探测的影响不那么重要。但是,水汽、氧气和云中液态水等物质对 21~24 GHz 附近波段微波的吸收是不可忽视的,在微波波段,水汽、氧气和云中液态水是最主要的吸收物质。而大气吸收对频率小于 12 GHz 的微波传感器的影响较小,大气校正相对简单。因此,大气的影响及大气路径校正引起的误差不是微波传感器反演海表面温度和盐度的主要误差源[16]。

2.3.2 银河散射噪声

对于 L 波段,来自天空的辐射是不可忽略的,这些辐射主要来自三个辐射源:大气中中性氢元素发生超精细原子跃迁引发的氢线辐射,但这种辐射噪声在大部分时候不会超过 2 K;来自外太空的宇宙背景辐射也是一种稳定的噪声辐射源,它的分布强度在空间内是均匀且恒定的,一般为 2.7 K;除了较为恒定的宇宙背景辐射,有一种在空间内较为多变的辐射,强度往往大于 10 K,它们来自离散的无线电波源。由宇宙背景辐射引起的微波辐射计上的增量主要受到入射角变化的影响。而由另外两种噪声引起的微波辐射计上的增量主要受到入射角和测量方位角变化的影响。

2.3.3　法拉第旋转

法拉第旋转是空间被动微波遥感重要的误差来源之一。当微波穿越电离层时,地表发射的频率为 f 的电场极化矢量会发生大小为 φ 的旋转,即第二斯托克斯参数 Q 和第三斯托克斯参数 U 会发生改变。频率越低,法拉第旋转的影响就越明显。在 L 波段,当入射角为 $30°\sim50°$ 时,线极化亮温的误差可以达到 10 K 以上,这些误差是不可忽视的,会使海表面盐度的反演产生重大偏离。在所有影响法拉第旋转的要素中,电离层天顶方向总电子含量(vertical total electron content,VTEC)值的变化是最重要的因素。地磁场由于变化相对缓慢,并不会对法拉第旋转的变化产生很大影响。

2.3.4　RFI 射频干扰

虽然卫星的工作频段(1.413 GHz)受国际电信联盟(International Telecommunication Union,ITU)条例的保护,原则上不受人为电磁波辐射的干扰,但是在近岸海域,射频干扰(radio frequency interface,RFI)依然会严重影响接收目标的辐射信号,是影响近岸海域海表面盐度卫星遥感的主要因素。陆源 RFI 的发射频率、功率和传输损耗等参数各异,故 RFI 作为一种随机性极大的干扰,目前很难对其在噪声方面的贡献程度进行量化,所以当前针对卫星尚无有效的 RFI 修正算法,但是可以通过检测算法,设定临界阈值,将受 RFI 污染的亮温数据进行剔除。

第 3 章 射频干扰特征分析及后向散射系数与海表面风场特征分析

3.1 SMAP 卫星射频干扰检测

RFI 是指频率相近的目标电磁波与干扰电磁波同时被卫星传感器接收时,干扰电磁波对传感器造成的干扰。射频源对卫星的发射功率、发射频率、天线方向、天线增益和传输损耗等参数影响各异。RFI 主要通过视距传播、反射传播、绕射传播以及大气折射和散射作用等途径进入卫星传感器。

SMAP 卫星搭载的 L 波段的微波辐射计,可以获得空间分辨率为 40 km 的垂直极化(V)和水平极化(H)的亮温数据及第三、第四斯托克斯参数(T_3 和 T_4),以中心入射角为 40°、扫描速率为 13.0～14.6 r/min 进行椭圆扫描,获取 1 000 km 的扫描幅宽,重访周期为 2～3 天。SMAP 卫星搭载了星载系统性探测和抑制射频干扰设备,可以配合地面站进行多重 RFI 探测。经过地面站处理后,SMAP 卫星可获得精确度小于或等于 1.3 K 的水平和垂直极化亮温数据,RFI 造成的误差小于或等于 0.3 K[17-18]。

在地面站中 SMAP 卫星数据会被应用到不同的检测算法中进行检测,被检测到的 RFI 的数据将会被标记,然后根据最大可能性检测的方法对标记的射频干扰进行逻辑运算,剔除 RFI 污染。

最终获得的垂直极化和水平极化亮温产品的射频干扰误差小于或等于 0.3 K，总误差小于或等于 1.3 K。

3.1.1　脉冲检测法

脉冲检测法以接收到信号的地理坐标为单位通过检测在相同时间中的天线亮温的增幅变化来探测 RFI。此算法主要适用于短时间内具有较大振幅的脉冲波干扰，脉冲波主要来自对空监视雷达发出的脉冲[19-20]。SMAP 卫星脉冲检测算法公式如下：

$$| T_A(t) - m_{td}(t) | > \beta_{td}\, \sigma_{td}(t) \qquad (3-1)$$

式中，T_A 为天线温度；m_{td} 为稳健估计，即脉冲重复周期中去除最小的 5% 的样本数据与最大的 5% 的样本数据后的均值；β_{td} 为阈值；σ_{td} 为标准差。当观测值与预测均值的差大于标准差与阈值的乘积时，确认为被射频干扰污染，此观测值将被标记。

σ_{td} 的计算公式如下：

$$\sigma_{td}(t) = \frac{T_{rec} + m_{td}(t)}{\sqrt{BW \cdot \tau}} \qquad (3-2)$$

式中，T_{rec} 是天线接收到的亮温；BW 是微波辐射计的带宽，为 24 MHz；$\tau(\tau = 0.3\ ms)$ 为脉冲重复周期样本的时长。

当系统最终确认观测值被脉冲形式的射频干扰污染后将会剔除此时间段的异常亮温值，剩余时间段的数据仍为有效数据。以此方法可以去除脉冲形式的射频干扰污染。

3.1.2　交叉频点算法

交叉频点算法与脉冲检测法一样检测相同时间内数据的增幅

量来探测射频干扰[21]。与脉冲检测法不同的是其使用 16 个部分波段(每个带宽为 1.5 MHz)测量数据,每个样本时间为 4 个脉冲重复周期($4\tau = 1.2$ ms),RFI 检测方式与式(3-1)相同。σ_{td} 的计算略有不同,公式如下:

$$\sigma_{td}(t) = \frac{T_{rec} + m_{td}(t)}{\sqrt{\frac{B}{16}4n\tau}} \tag{3-3}$$

式中,T_{rec} 是天线接收到的亮温;n 为轨道中样本的数量;$\tau(\tau = 0.3$ ms) 为脉冲重复周期样本的时长。

此算法使用部分波段测量数据,对不同频率内的射频干扰进行检测,系统会剔除被射频干扰污染波段的异常数据。

3.1.3 峰值检测算法

峰值检测算法会对所有的数据进行 RFI 检测,它使用前四个集成时间的观测数据进行峰值计算统计,区分高斯分布与非高斯分布的信号,借此判断检测数据是否被 RFI 污染[22]。其核心算法公式如下:

$$K = \frac{\mu_4 - 4\mu_1\mu_3 + 6\mu_1^2\mu_2 - 3\mu_1^4}{(\mu_2 - \mu_1^2)(\mu_2 - \mu_1^2)} \tag{3-4}$$

式中,μ_n 为第 n 个接收信号的时间点,未受到射频干扰污染的常规峰值为 3,若观测数据的峰值与常规峰值的差大于其阈值 β_k 与观测值标准差的乘积,则会被标注为疑似射频干扰的数据。其公式如下:

$$| k - k_{nom} | > \beta_k \sigma_k \tag{3-5}$$

式中,k 为由式(3-4)得到的观测数据的峰值;k_{nom} 为常规峰值;σ_k 为观测值的标准差。

3.1.4　极化检测算法

在自然界中存在水平极化和垂直极化的亮温数据,若没有 RFI,则第三、第四斯托克斯参数(T_3 和 T_4)会接近 $0^{[23]}$。第三、第四斯托克斯参数对 RFI 较敏感,当这两个参数异常大时,代表此处有 RFI 污染。SMAP 卫星地面站的 RFI 检测算法的主要理论是寻找超出规定标准差的变量并将其认定为射频干扰。其 RFI 判别式如下:

$$| T_{3,4}(t) | > \beta_{3,4}\, \sigma_{3,4}(t) \tag{3-6}$$

式中,$\beta_{3,4}$ 为阈值;$\sigma_{3,4}(t)$ 为第三、第四斯托克斯参数的标准差。当第三、第四斯托克斯参数的绝对值大于阈值与标准差的乘积时,则会被判断为辐射干扰。

SMAP 卫星地面站对上述四种检测算法所标注出的 RFI 位置进行统计,同时对轨道数据对应的阈值和错误率进行统计分析,之后使用最大可能性 RFI 检测逻辑算法对 RFI 进行标定。系统根据不同的干扰类型剔除被污染的数据,留下未被污染的有效数据存储于 L1B_TB 级数据中。若整个波段在成像时间内都被污染,则系统会剔除该地区的所有数据。

3.2　射频干扰源探测及分析

目前,对被动微波辐射计受到的射频干扰去除和抑制的研究主要集中在识别和分析射频干扰源分布及造成的异常值上,而对射频干扰地区信号剔除和获取有效数据的方法研究较少。射频干扰源主要集中在东亚和欧洲,我国内陆和近岸地区受到的干扰严重,致使在这部分地区的遥感数据具有较大偏差甚至缺失[24],因此对射频干扰源位置以及其对 L 波段卫星微波辐射计的影响规律进行分析,对提高我国内陆和近岸地区的卫星观测精度具有重要意义。我们使用 SMAP 卫星资料对我国部分内陆和近岸地区受到的射频干扰的分布和强度进行了统计和分析。

海面风是研究海气之间互相作用的重要参数,海表面风速通过调节热量、水汽、海气通量和颗粒物,调节大气和海洋之间的耦合作用,从而维持全球和区域气候[25]。微波遥感所具有的全天时、全天候工作能力,以及大面积、快速、定量检测的能力,成为获取海表面风场信息的有效方法之一。主动星载微波遥感仪器可以测量目标的反射回波,获得其后向散射信息,在入射角为 $20°\sim70°$ 时获得的布拉格散射(Bragg scattering)信号称为归一化散射截面(normalized radar cross sections,NRCS)[26-27]。归一化散射截面与海表面风场有着密切的关系,人们建立了地球物理模型函数(geophysical model function,GMF)来研究不同参数的传感器获取的后向散射信息与风场之间的关系。GMF 是通过函数形式表达雷达获取的归一化散射截面信息与海表面风场之间关系的半经验公式[28-30]。通过海表面风场与雷达数据的关系建立 GMF 模型,在风速小于 20 m/s 时,利用 PALSAR 水平极化的后向散射系数可反演得到精确度较高的海表面风场数据[31]。Aquarius 卫星的散射计获得的风速精度为 0.75 m/s,在风速大于 10 m/s 后能取得较为精确的风向数据[32]。我们将 SMAP 卫星太平洋地区的真实孔径雷达数据与风场数据进行配对,使用 GMF 模型对归一化后向散射截面与海表面风速和风向的关系进行了分析,讨论了不同风速时 SMAP 卫星数据反演海表面风场的潜力。

3.2.1　射频干扰检测

研究区域是中国部分内陆和近岸地区,范围为 $105°\sim140°E$, $15°\sim45°N$。使用 SMAP 卫星 2015 年 5 月 1—5 日的 L1B_TB 亮温数据对中国近岸地区的射频干扰进行研究。将卫星数据分为升轨和降轨,分别研究了上述区域 RFI 校正和抑制前后的数据,并绘制了亮温图像。当天线受到严重的射频干扰时,所接收到的温度会达到 300 K 甚至更高,为了更加精确地描绘 RFI,将色标的最大值设为 300 K。图 3-1 为升轨数据不同极化方式的原始天线亮温影像,图 3-1(a)和图 3-1(c)分别为原始天线接收到的水平极化和垂直极化亮温影像,图 3-1(b)和图 3-1(d)则为经过 RFI 过滤器校正后的亮温影像。

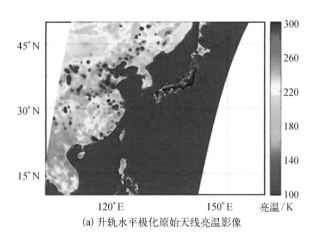

(a) 升轨水平极化原始天线亮温影像

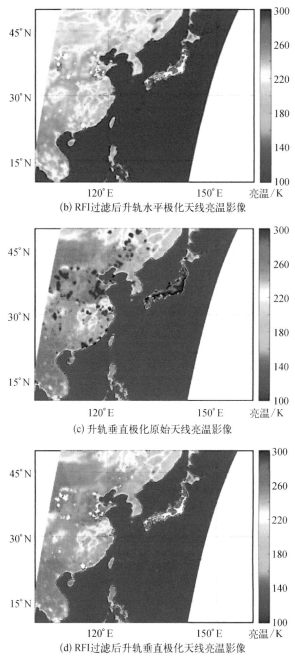

(b) RFI过滤后升轨水平极化天线亮温影像

(c) 升轨垂直极化原始天线亮温影像

(d) RFI过滤后升轨垂直极化天线亮温影像

图 3 - 1　升轨数据不同极化方式的原始天线亮温影像

　　从图 3-1 可以看出,天线获取的陆地水平极化亮温值为
220~260 K,海洋的亮温值则小于 100 K。垂直极化的亮温值总
体要高于水平极化的亮温值,陆地地区亮温值主要集中在
240~280 K 之间,海洋则在 100~120 K 之间。从图 3-1 中
可以明显地看出,部分地区的亮温值等于或大于 300 K,异常
值的分布不均匀,异常的亮温主要集中在经济比较发达的地
区,例如,东北三省的省会周边、长江三角洲和珠江三角洲等地
区。其原因可能是以上区域具有较多的射频干扰源,如手机基
站、工厂、电网、无线电接收和发射基站等。图 3-1 中受到射
频干扰最为严重的是日本,几乎整个日本地区的亮温值都异常
偏高。

　　观察经过处理的影像可以发现异常的高亮温被有效地抑制
了,图 3-1(b)和图 3-1(d)中已经没有亮温值等于或高于 300 K
的地区,符合地物的真实亮温值大小。部分严重受到射频干扰的
地区的亮温值被剔除(图 3-1 中白色区域),这部分地区主要集中
在图 3-1(a)和图 3-1(c)中亮温异常大的地区。由于过滤器会剔
除受干扰的波段或被污染时间的异常数据,因此在被剔除亮温值
像素地区周边射频干扰较弱的地区的亮温值被修复了。除了异常
高的亮温像素点之外,其他天线接收的亮温经过 RFI 过滤后并没
有发生较大的变化。

　　图 3-2 为降轨数据不同极化方式的原始天线亮温影像,图 3-2(a)
和图 3-2(c)分别为原始天线接收到的水平极化和垂直极化亮温
影像,图 3-2(b)和图 3-2(d)则为经过 RFI 过滤器校正后的亮温
影像。与图 3-1 对比,由于卫星扫描的方位角不同,导致影像受
射频干扰的程度存在一定差异,图 3-2 降轨影像的极高异常值少

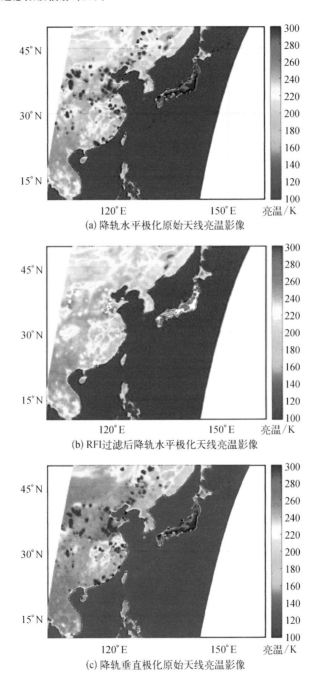

(a) 降轨水平极化原始天线亮温影像

(b) RFI过滤后降轨水平极化天线亮温影像

(c) 降轨垂直极化原始天线亮温影像

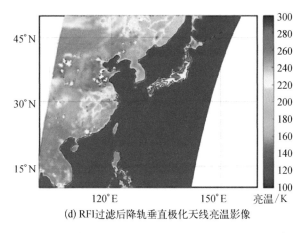

(d) RFI过滤后降轨垂直极化天线亮温影像

图3-2　降轨数据不同极化方式的原始天线亮温影像

于图3-1升轨影像的,但是总体而言并无较大差异。异常值主要分布在105°~120°E, 30°~45°N之间,这部分地区主要为内陆城市及其周边地区。同时中国大陆沿海经济发达的城市和台湾地区南北两端都存在异常值。

为了更好地对比极化方式对受到的射频干扰的影响,将天线接收到的原始亮温值减去经过射频干扰过滤器抑制后的亮温值,获得经过抑制的RFI大小。图3-3所示为研究区域升轨数据射频干扰值的概率分布,样本数据按干扰值从小到大的顺序排列,横轴为射频干扰值,纵轴为概率。图中○表示的是垂直极化的射频干扰值,×表示水平极化的射频干扰值。表3-1为研究区域升轨数据射频干扰值的区间分布情况。由图3-3和表3-1可知,99%的水平极化和垂直极化的射频干扰值的大小分别小于28.94 K和30.80 K。从图3-3○和×基本重合可以看出,研究地区不同极化方式的射频干扰大小量级的分布也非常相似。在射频干扰极大值(大于80 K)之后,垂直极化射频干扰值更加偏大,被校正的极大值也多于水平极化的数据。不过对于总体的数据来说这部分数据量极少。从表3-1可以看出,两种极化方式的射频干扰值都较为相似,垂直极化的亮温校正值要略大于水平极化的亮温校正值。

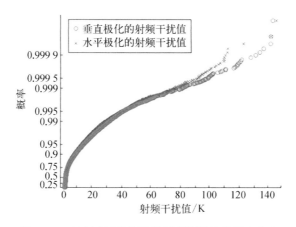

图3-3　研究区域升轨数据射频干扰值的概率分布

表3-1　研究区域升轨数据射频干扰值的区间分布情况

单位:K

极化方式	0%~50%	50%~75%	75%~90%	90%~95%	95%~99%
水平极化	0.01~0.47	0.47~1.88	1.88~6.92	6.92~12.34	12.34~28.94
垂直极化	0.01~0.51	0.51~1.95	1.95~7.19	7.19~12.93	12.93~30.80

　　为了更加直观地了解射频干扰数值的概率分布,共选取了研究区域70 134个升轨水平极化的射频干扰样本,绘制了干扰值分布直方图(见图3-4)。由图3-4可以发现,0~1 K区间内的射频干扰样本数量最多,经统计小于1 K的射频干扰样本有46 728个,占总样本数的66.6%,是射频干扰值在1~2 K的样本数的

6.17 倍。当射频干扰值大于 14 K 后,只有极少数的数据样本。由此可以发现,射频干扰值的大小主要集中在 5 K 以内,并且随着干扰信号的增大而骤减。

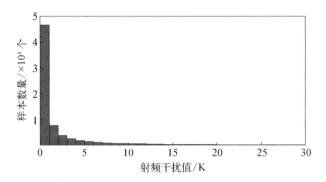

图 3-4　研究区域升轨水平极化的射频干扰值分布直方图

图 3-5 和表 3-2 分别为研究区域降轨数据射频干扰值的概率分布和干扰值的区间分布情况。降轨数据的射频干扰值大小和区间分布情况与升轨数据的非常相似,不同极化方式的数据只在

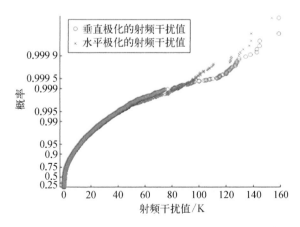

图 3-5　研究区域降轨数据射频干扰值的概率分布

极大值(大于 80 K)之后的分布才有较大的区别,而这部分校正值
只占总体的千分之一,对总体的影响较小。由图 3-3~图 3-5 和
表 3-1~表 3-2 可以得出结论:研究区域主要的射频干扰校正
值(95%)都小于 12 K,平均值约为 1.4 K,且分布范围广,超过
99%的异常值修正大小可以达到 30 K 及以上,这部分的像素点主
要集中在天线接收到的极大异常值(300 K 及以上)周边,这些极
大的异常值主要集中在我国经济较发达的区域。

表 3-2　研究区域降轨数据射频干扰值的区间分布情况

单位:K

极化方式	0%~50%	50%~75%	75%~90%	90%~95%	95%~99%
水平极化	0.01~0.47	0.47~1.81	1.81~6.46	6.46~12.03	12.03~30.40
垂直极化	0.01~0.49	0.49~1.85	1.85~6.48	6.48~11.83	11.83~29.47

3.2.2　射频干扰源分析

3.2.2.1　升轨数据

图 3-6(a)和图 3-6(b)分别为研究区域水平极化和垂直极
化升轨数据不同强度的射频干扰源位置分布。根据表 3-1 所示
的射频干扰值的分布特征,将射频干扰概率分布为 75%~90%、
90%~99%和 99%以上的像素分别用绿色、黄色、红色表示于图
中,其中,白色区域为因微波辐射计整个波段都被射频干扰而剔除
的像素点。图中红色的像素点都被绿色和黄色的像素点包围,由
此可见,较强烈的射频干扰源会辐射性地污染周边地区,传播的范
围大于 100 km。

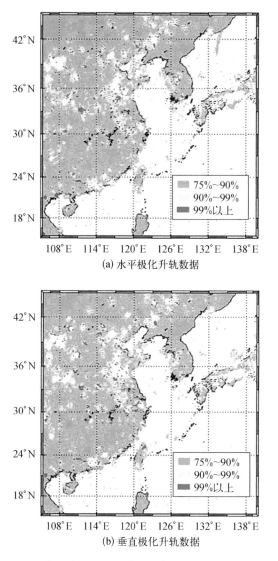

(a) 水平极化升轨数据

(b) 垂直极化升轨数据

图 3 - 6　研究区域不同极化方式升轨数据的射频干扰源分布

宽频段的射频干扰会导致整个微波辐射计接收频段被污染,因此受污染地区的数据被过滤器剔除,在图像上显示为白色无数据区域,宽频段射频干扰主要集中在甘肃地区及周边范围(103°～107°E,35°～37°N),成都(104°E,30.5°N)和重庆(106.5°E,29.5°N)两市及其周边地区,以及西安和咸阳周边地区(108°～109°E,34°～35°N)。而日本被剔除的数据最多,可见其是宽频段射频干扰最严重的地区。大多数宽频段的射频干扰周边都伴随着较强的可抑制的窄频段射频干扰污染,辽宁、黑龙江(122°～127°E,42°～46°N)、河北(115°～120°E,35°～38°N)、长江三角洲(118°～122.5°E,30°～32.5°N)和珠江三角洲(113°～114.5°E,22°～23.5°N)都是异常值偏多的地区。台湾地区南北两侧的射频干扰较强烈,其中部分地区有超过80 K的干扰,但是该区域并无强烈的宽频段的射频干扰,因此并没有剔除的像素点。海表面的射频干扰源较少,只有部分零星被校正的干扰源,其中水平极化的数据在日本海有类似条带的干扰(133°～134°E,40°～43°N),而垂直极化的数据并没有这部分干扰,这可能是由于天线获取信号的方位角对射频干扰非常敏感,不同方位角会受到不同的射频干扰影响。

3.2.2.2 降轨数据

图3-7(a)和图3-7(b)分别显示了研究区域水平极化和垂直极化降轨数据不同强度的射频干扰源位置分布。根据表3-2所示的射频干扰值的分布特征,将射频干扰概率分布为75%～90%、90%～99%和99%以上的像素分别用绿色、黄色、红色表示于图中,其中,白色区域为因微波辐射计整个波段都被射频干扰而剔除的像素点。

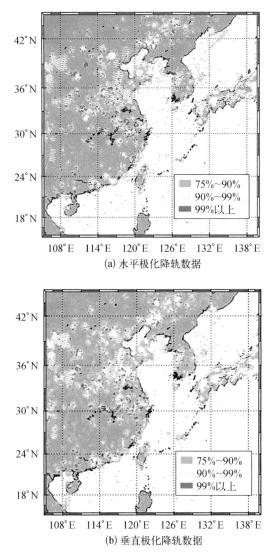

(a) 水平极化降轨数据

(b) 垂直极化降轨数据

图 3 - 7　研究区域不同极化方式降轨数据的射频干扰源分布

水平极化和垂直极化数据的较大射频干扰总体较为相似,主要的射频干扰源都围绕城市及其周边分布。较大的射频干扰的校正情况存在部分区别,如太原市(112°E,38°N)在水平极化数据中有较大的射频干扰校正,在图3-7(a)中显示为红色,而在垂直极化数据中这部分地区显示为黄色和绿色区域[见图3-7(b)],说明此地的射频干扰源对垂直极化亮温影响较大。

在海面上降轨数据与升轨数据相似,射频干扰较少,强度远小于陆地。主要的区别是水平极化的数据在日本海有条带状的射频干扰校正值,而垂直极化数据没有。在海南岛南方地区(108°~110°E,15°~18°N)垂直极化数据有较强的射频干扰校正值而水平极化则无,这极可能是越南沿海地区的城市造成的射频干扰污染。

升轨与降轨数据的射频干扰较为相似,主要的区别是在校正值的大小上存在部分差异,这是由于射频干扰源对不同极化方式和轨道的影响不同而造成的。从射频干扰源的总体分布来看,主要的水平干扰集中在陆地地区,海面的射频干扰较少且微弱。SMAP卫星校正和抑制的射频干扰的整体分布不均匀,大小差异也较大,以大城市群为中心,辐射状地向周围延伸。

表3-3为研究区域的亮温数据统计,选取了4天的升轨和降轨各5轨数据进行分析。从表3-3中可以发现,95%的射频干扰的校正值为1.37~1.5 K,整体射频干扰校正的平均值为2.51~2.68 K。而射频干扰的最大校正值为146~158 K,主要的被校正的射频干扰值较小,95%的射频干扰值的平均值为1.4 K。由于射频干扰值的变化较大,所有轨道不同极化的射频干扰值的标准差约为6.5。研究区域受到射频干扰最强的是垂直极化的升轨数据,受

干扰最弱的是水平极化的升轨数据,其受到射频干扰的像素点最少,被完全污染导致剔除的数据也最少。

表 3 - 3   研究区域的亮温数据统计

数据类型	射频干扰源像素数/个	剔除的干扰源像素数/个	射频干扰最大值/K	概率分布为95%的射频干扰平均值/K	射频干扰值平均值/K	射频干扰值标准差
水平极化射频干扰(升轨)	64 071	9 151	146.66	1.43	2.55	6.34
水平极化射频干扰(降轨)	80 858	9 691	153.56	1.37	2.53	6.63
垂直极化射频干扰(升轨)	64 424	9 602	144.16	1.50	2.68	6.69
垂直极化射频干扰(降轨)	80 708	9 950	158.70	1.39	2.51	6.53

3.3 L 波段地球物理模型函数

3.3.1 使用的数据

本节使用的 SMAP 卫星数据是 2015 年 5 月 1—3 日在太平洋海域的 L1B_S0_LoRes 以时间序列记录的低分辨率真实孔径雷达数据。使用的风场数据为美国国家海洋和大气管理局(National Oceanic and Atmospheric Administration,NOAA)提供的美国国家环境预报中心(National Centers for Environmental Prediction,

NCEP)的再分析海表面风速和风向数据。NCEP 提供空间分辨率为 $1° \times 1°$，时间分辨率为 6 h 的再分析海表面风场数据。利用数据中包含的数据质量信息(qual_flag)，剔除了受到射频干扰污染和归一化雷达后向散射截面为负数的异常值，然后将 SMAP 卫星获取的雷达数据与风场数据进行配对，匹配的时间差小于 6 h，配对的数据集共有 698 549 个。

3.3.2 L 波段地球物理模型函数

地球物理模型函数(GMF)是归一化雷达后向散射截面与海表面风矢量的经验函数的关系模型，目前利用星载微波散射计数据反演海面风场时主要依赖此模型。为了更好地分析海表面风场与真实孔径雷达数据之间的关系，通过将 SMAP 卫星 L 波段雷达散射计获得的大量归一化雷达后面散射截面数据与 NCEP 风场数据结合，获取适用于 SMAP 卫星的 GMF 参数。GMF 的表达式如下：

$$\partial^o = A_0(w, \theta)[1 + A_1(w, \theta)\cos\varphi + A_2(w, \theta)\cos 2\varphi]$$

$$(3-7)$$

式中，∂^o 为归一化雷达后向散射截面；w 为海表面风速；θ 为卫星入射角；φ 为相对风向(风向与雷达成像的方位角之差)。

不同极化方式的 A_0 系数与归一化雷达后向散射截面呈正相关关系，剔除异常参数后获得的后向散射系数与海表面风速有正相关关系[33]。由 GMF 模型可见，后向散射系数的大小与相对风向角密切相关，为了减少不同的风向角造成的误差，可以使用相对风向角均匀分布的数据[34]。通过大量相对风向角均匀分布的数据建立海表面风速与归一化雷达后向散射截面的函数关系,其结果为 $A_0(w)$。图 3-8 为 $A_0(w)$ 与海表面风速的拟合图像。

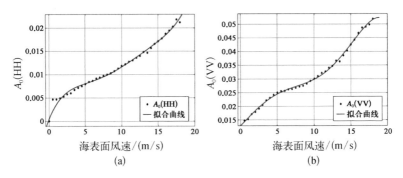

图 3-8　$A_0(w)$ 与海表面风速的拟合图像

通过最小二乘法将计算结果以多项式的形式拟合,表达式如下:

$$A_0(w) = P_{01} * (w)^5 + P_{02} * (w)^4 + P_{03} * (w)^3 +$$
$$P_{04} * (w)^2 + P_{05} * w + P_{06} \tag{3-8}$$

式中,w 为海表面风速;P_{0n} 为相关参数。

由图 3-8 可以发现,$A_0(w)$ 参数与海表面风速存在较好的拟合关系。

通过观察地球物理模型函数表达式的结构可以发现,后向散射系数随着相对风向角的变化产生规律性的波动。在 GMF 表达式中[式(3-7)],后向散射强度与风向角之间的关系通过 $A_1(w, \theta)$ 和 $A_2(w, \theta)$ 系数表示。$A_1(w, \theta)$、$A_2(w, \theta)$ 分别是卫星入射角和海表面风速的函数。由于 SMAP 卫星是单一的 $40°$ 入射角,因此建立的 GMF 表达式中的 $A_1(w)$ 和 $A_2(w)$ 只是海表面风速的函数。

通过最小二乘法以多项式的形式拟合 $A_1(w)$，表达式如下：

$$A_1(w) = P_{11} * (w)^5 + P_{12} * (w)^4 + P_{13} * (w)^3 +$$
$$P_{14} * (w)^2 + P_{15} * w + P_{16} \qquad (3-9)$$

式中，P_{1n} 为 $A_1(w)$ 拟合表达式的参数；w 为海表面风速。

同理，通过最小二乘法以多项式的形式拟合 $A_2(w)$，表达式如下：

$$A_2(w) = P_{21} * (w)^5 + P_{22} * (w)^4 + P_{23} * (w)^3 +$$
$$P_{24} * (w)^2 + P_{25} * w + P_{26} \qquad (3-10)$$

式中，P_{2n} 为 $A_2(w)$ 拟合表达式的参数；w 为海表面风速。

表 3-4 为拟合得到的式(3-8)、式(3-9)和式(3-10)的各个参数的结果。

表 3-4 $A_0(w)$、$A_1(w,\theta)$ 和 $A_2(w,\theta)$ 的拟合参数结果

极化方式	P_{01}	P_{02}	P_{03}	P_{04}	P_{05}	P_{06}
HH	-5.361×10^{-8}	2.531×10^{-6}	-4.055×10^{-5}	2.726×10^{-4}	5.493×10^{-5}	4.455×10^{-3}
VV	-1.665×10^{-7}	6.621×10^{-6}	-7.66×10^{-5}	1.80×10^{-4}	2.594×10^{-3}	1.296×10^{-2}

极化方式	P_{11}	P_{12}	P_{13}	P_{14}	P_{15}	P_{16}
HH	9.323×10^{-6}	-4.803×10^{-4}	9.132×10^{-3}	-7.73×10^{-2}	2.627×10^{-1}	-2.884×10^{-1}
VV	8.011×10^{-6}	-3.97×10^{-4}	7.152×10^{-3}	-5.665×10^{-2}	1.852×10^{-1}	-2.333×10^{-1}

（续表）

极化方式	P_{21}	P_{22}	P_{23}	P_{24}	P_{25}	P_{26}
HH	1.186×10^{-5}	-5.486×10^{-4}	8.691×10^{-3}	-5.14×10^{-2}	9.034×10^{-2}	-5.442×10^{-2}
VV	1.43×10^{-5}	-6.726×10^{-4}	1.09×10^{-2}	-6.724×10^{-2}	1.286×10^{-1}	-6.434×10^{-2}

3.4　海表面后向散射系数与海表面风场的特征分析

3.4.1　海表面后向散射系数与海表面风速

SMAP 卫星获取的海表面后向散射信息与海表面风速、相对风向角（卫星方位角与风向角之间的差值）的关系密切。为了分析海表面风速与后向散射系数之间的关系，在剔除了异常值后，选取相对风向角分布均匀的部分数据绘制了海表面后向散射系数与海表面风速的散点图（见图 3－9）。

图 3－9 中横坐标为海

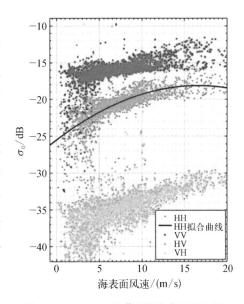

图 3 - 9　SMAP 卫星获取的海表面后向散射系数与海表面风速的散点图

表面风速,纵坐标为海表面后向散射系数。其中红色点为 VV 极化的海表面后向散射系数,蓝色点为 HH 极化的海表面后向散射系数,黄色点和绿色点分布对应 VH 和 HV 极化的海表面后向散射系数,黑色曲线为 HH 极化拟合曲线。由图 3-9 可知,垂直极化和水平极化的海表面后向散射系数主要分布在 $-18\sim-12$ dB 和 $-25\sim-17$ dB,而交叉极化的海表面后向散射系数分布范围较大也较为分散为 $-42\sim-30$ dB。还可以发现,随着风速的增加海表面后向散射系数呈现正相关分布。当海表面风速处于 $0\sim5$ m/s 时,所有极化方式的海表面后向散射系数的分布都较为分散,其中交叉极化的在此风速区间的分散程度更大。当海表面风速大于 5 m/s 时,HH 极化和 VV 极化的数据变得集中且开始呈现明显的线性上升的趋势。交叉极化的海表面后向散射系数也呈明显的上升趋势,只是在相同风速情况下其数据分布更加分散。当海表面风速等于 10 m/s 时,交叉极化的数据分布有较大的变化,甚至部分数据到达 -20 dB。低海表面风速(小于 10 m/s)区域,交叉极化的海表面后向散射系数分布的分散程度较大,会对风速的反演造成较大的影响。因此对比水平极化和垂直极化的海表面后向散射系数,交叉极化的海表面后向散射系数的异常点较多,与海表面风场的关联性较弱,不适合反演海表面风速。

由图 3-8 可知,水平极化的海表面后向散射系数散点与拟合曲线较分散,这是由于不同的相对风向角对海表面后向散射系数的影响会导致海表面风速与海表面后向散射系数无法呈线性关系,在不同的相对风向角的情况下,海表面风速与海表面后向散射系数之间的关系时刻都在变化。根据我们反演的适用于 SMAP 卫星的 GMF 参数,我们绘制了相对风向角为 0°、90°和180°时海表面后向散射系数与海表面风速的关系图(见图 3-10)。

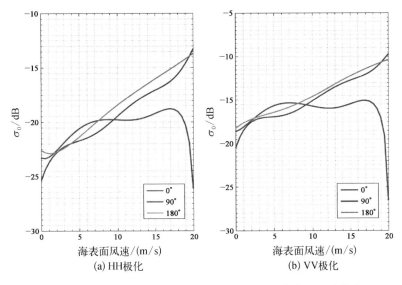

图 3‑10　HH 与 VV 极化的海表面后向散射系数与海表面风速的关系图

　　当相对风向角为 0°和 180°时,海表面风速与海表面后向散射系数呈正相关关系。当相对风向角为 90°时,海表面风速与海表面后向散射系数的关系曲线有较大的变化,这是由于在风向角为 90°时,相同风速下的海表面后向散射系数的波动较大且不同风速下的海表面后向散射系数大小有重叠现象(见图 3‑10)。由此可见,在风向角侧向获取的海表面后向散射系数与海表面风速的关系模糊,无法通过海表面后向散射系数的强弱描述海表面风速。从图 3‑10 可知,当风向相对于雷达为正、逆风时,海表面后向散射系数和海表面风速呈明显的非线性正相关关系,两线较相近。仔细观察可以发现,当海表面风速为 2~20 m/s 时,相对风向角为 180°的水平极化海表面后向散射系数与海表面风速呈现出较好的线性关系。相比于风向角为 180°的拟合曲线,当相对风向角为 0°时,在海表面风速较小的区间拟合曲线有更大的斜率,因此说明在低风速情况下,0°相对风向角的海表面后向散射系数有更好的区分度。当海表面风速小于 19 m/s 时,前逆风的海表面后向散射系数要略高于正向风的,但是两者间的区分度并不明显,因此正、逆风的区分是一个难题[35]。

3.4.2　海表面后向散射系数与相对风向角的关系

从图 3-9 可知,海表面后向散射系数与拟合的曲线之间的分布普遍有小于 2 dB 的误差,这是因为在相同风速的情况下,海表面后向散射系数会随着相对风向角的不同而变化,尤其是中高风速时,海表面后向散射系数随风向角有较大的规律性变化。为了分析不同风向角与海表面后向散射系数的变化,我们绘制了海表面后向散射系数与相对风向角的相对关系图(见图 3-11)。

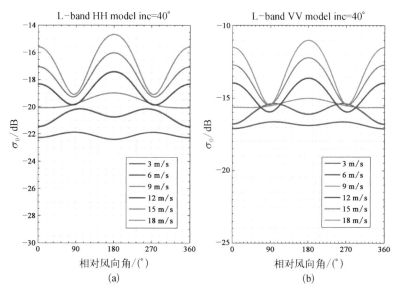

图 3-11　HH 与 VV 极化的海表面后向散射系数与相对风向角的关系图

根据获得的 GMF 函数绘制了 HH 与 VV 极化的海表面后向散射系数与相对风向角的关系图,其中不同颜色的曲线分别代表了 3 m/s、6 m/s、9 m/s、12 m/s、15 m/s 和 18 m/s 海表面风速时海表面后向散射系数的变化。由图 3 - 11 可以发现,当海表面风速较低时,曲线的振动幅度较小,随着海表面风速的增大,振动幅度逐渐增大。当海表面风速大于 12 m/s,相对风向角为 90°和 270°时,海表面后向散射系数最低,当相对风向角为 0°和 180°时,达到最高值。这一结果与 Isoguchi 获取的 GMF 结果非常相似[31]。即当雷达的方位角与风向重合或者相反时,其接收到的信号强度最强,这种现象称为正-侧风不对称现象(positive upwind-crosswind asymmetry);当海表面风速较低时(如图 3 - 11 中海表面风速为 6 m/s 时),海表面后向散射系数的最大值出现在相对风向角为 90°和 270°时,而最小值出现在相对风向角为 0°和 180°时,这种现象称为逆正-侧风不对称现象(negative upwind-crosswind asymmetry)[32],该现象只出现在通过 L 波段散射计数据建立的 GMF 中(C 波段和 K_u 波段的 GMF 中无此现象)。

由于逆正-侧风不对称现象导致相对风向角在 45°~135°和 225°~315°时不同海表面风速的海表面后向散射系数的区分度不大,甚至出现重叠的情况,如当海表面风速为 12 m/s 时,VV 极化的海表面风速的海表面后向散射系数要低于海表面风速为 6 m/s 时的情况,这说明在此处所有相对风向角所获取的海表面后向散射系数无法有效的和海表面风场建立关系。

3.4.3 不同海表面风速下的海表面后向散射系数的散点分布情况

图 3 - 12 为不同海表面风速下的海表面后向散射系数与相对

风向角的散点图,其中横坐标为相对风向角,纵坐标为海表面后向散射系数,蓝色线为拟合曲线。当海表面风速较低时[5 m/s,见图 3-12(a)和 3-12(b)],可以发现两种极化方式下海表面后向散射系数随相对风向角的变化并没有呈现明显的规律,散点的分

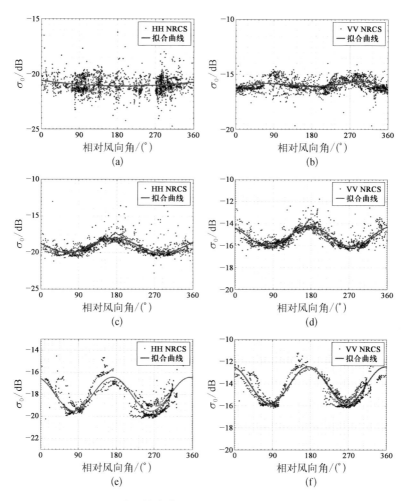

图 3-12　不同风速下的海表面后向散射系数与相对风向角的散点图

布范围较大,图中最大的偏差达到 5 dB 且水平极化的海表面后向
散射系数分散程度比垂直极化的大,这是由于海表面风速较低时,
雷达接收到的归一化雷达后向散射截面信号强度较弱且伴随着雷
达数据本身的噪声误差。因此海表面风速较低时,海表面后向散
射系数与海表面风速间的关系较弱,随相对风向角的变化无明显
的规律。当海表面风速为 10 m/s 时,海表面后向散射系数随着相
对风向角有较明显浮动的规律性变化,由图 3 - 12(c)和图 3 - 12(d)
中的拟合函数曲线可以发现,两种极化数据的振动幅度范围都约
为 2 dB,且最大值出现在相对风向角约为 0°和 180°时,最小值出
现在相对风向角约为 90°和 270°时。对比低海表面风速时的散点
分布,10 m/s 风速下散点分布较为集中且随着相对风向角的变化
有规律性起伏。当海表面风速为 15 m/s 时,根据拟合曲线,水平
极化和垂直极化数据的散点分布明显升高至 −19.5～−16.5 dB
和 −16～−12.5 dB,同时曲线的波动趋势与海表面风速为 10 m/s
时的一致,振动幅度也增大至 3～3.5 dB。海表面后向散射系数在相
对风向角大约为 0°和 180°时达到最大值,在 90°和 270°时处于最小值。

3.4.4　GMF 模型精度验证

为了验证 GMF 模型的精度,随机选取了 2015 年 5 月 4 日太
平洋海域的 1 929 个 SMAP 卫星的雷达数据样本,并通过上文获
取的 GMF 参数计算了相对应的海表面风速,并与 NCEP 风场数
据进行了对比。图 3 - 13 为 NCEP 风场数据与 GMF 海表面风速
的关系图,图 3 - 13(a)和图 3 - 13(b)为两种极化方式的 GMF 海表
面风速与对应的 NCEP 风速的散点图。图 3 - 13(c)和图 3 - 13(d)
为样本点的 NCEP 风速的分布图。

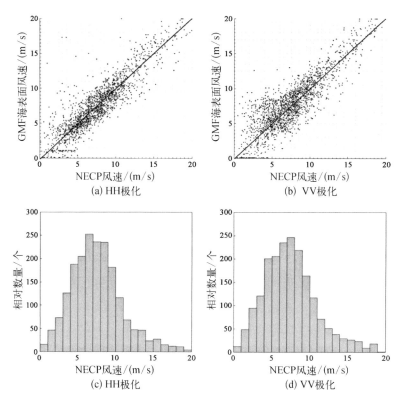

图 3 - 13　NCEP 风速与 GMF 海表面风速的关系图

表 3 - 5 为 GMF 模型的精度评估结果。表中将风速分为 0～5 m/s、5～10 m/s 和 10～20 m/s 三个区间，样本点的风速主要分布在 5～10 m/s。从表 3 - 5 中可以发现，随着风速增加，GMF 模型的计算结果的偏差和均方根误差均减小。当风速在 0～5 m/s 区间时，偏差和均方根误差最大，而当风速在 10～20 m/s 时，偏差最小。其中水平极化的结果要优于垂直极化，尤其是当风速小于 5 m/s 时。总体风速的偏差为 1.19 m/s（水平极化）和 1.51 m/s（垂

直极化),均方根误差为 1.58 m/s(水平极化)和 1.67 m/s(垂直极化)。同时结合图 3 - 12 的散点图变化,还可以发现,随着风速的增加,海表面后向散射系数与相对风向角的规律性变化关系也越来越明显,曲线振动幅度也随风速的增大而增大。

表 3 - 5　GMF 模型的精度评估结果

风速范围/(m/s)	样本个数/个	偏差	均方根误差
水平极化(HH)			
0~5	449	1.70	2.18
5~10	1 111	1.04	1.34
10~20	369	1.01	1.17
0~20	1 929	1.19	1.58
垂直极化(VV)			
0~5	476	2.78	2.92
5~10	1 070	1.06	1.65
10~20	383	1.02	1.21
0~20	1 929	1.51	1.67

第 4 章　微波辐射计海表面亮温仿真

4.1　理论及模型建立

星载微波辐射计测量的亮温由四部分组成,即海面直接辐射、大气的上行辐射、大气的下行辐射经海表面反射的辐射和宇宙空间进入大气经海表面反射的辐射。其中海表面直接辐射和反射的大气辐射同时被大气衰减。因此,根据大气辐射传输理论,到达大气层顶端的微波辐射计探测到的亮温 $T_{\text{B, toa}}$ 可以表示为[36]

$$T_{\text{B, toa}} = t T_{\text{B, sur}} + T_{\text{BU}} + t\rho T_{\text{BD}} + t^2 \rho T_{\text{Bcos}} \qquad (4-1)$$

式中,t 为大气透射率;$T_{\text{B, sur}}$ 为海表面亮温;T_{BU} 为大气的上行辐射亮温;T_{BD} 为大气的下行辐射亮温;T_{Bcos} 为宇宙背景噪声辐射亮温,T_{Bcos} 的取值为 3.1 K,由宇宙背景辐射(2.73 K)以及银河系的背景噪声(0.37 K)组成;ρ 为海面的反射率,其计算公式为

$$\rho = 1 - \frac{T_{\text{B, sur}}}{\text{SST}} \qquad (4-2)$$

对式(4-1)进行分析可知,式中海表面亮温 $T_{\text{B, sur}}$ 为 SSS 反演所需要的量,其他部分皆为误差项。因此,从大气顶端亮温 $T_{\text{B, toa}}$ 中剔除这些误差项的影响就可以得到海表面亮温 $T_{\text{B, sur}}$,其

计算公式为

$$T_{\text{B, sur}} = \left[\frac{\dfrac{T_{\text{B, toa}} - T_{\text{BU}}}{t} - (T_{\text{BD}} + t T_{\text{Bcos}})}{\text{SST} - (T_{\text{BD}} + t T_{\text{Bcos}})} \right] \text{SST} \quad (4-3)$$

式(4-3)中的这些误差项主要包括了大气透射率 t、大气的上行辐射亮温 T_{BU} 和大气的下行辐射亮温 T_{BD}，若想通过计算得到海表面亮温 $T_{\text{B, sur}}$，就必须先求取这些误差项的值。

大气透射率 t 和大气的上、下辐射亮温 T_{BU} 和 T_{BD} 的计算模型如下(通常采用高度坐标[37])：

$$t(\theta, H) = \exp[-\tau(0, H) \sec \theta] \quad (4-4)$$

$$\tau(z_1, z_2) = \int_{z_1}^{z_2} \kappa_a(z) \sec \theta \mathrm{d}z \quad (4-5)$$

$$T_{\text{BU}}(\theta, H) = \int_0^H T(z) \kappa_a(z) t(z, H) \sec \theta \mathrm{d}z \quad (4-6)$$

$$T_{\text{BD}}(\theta, H) = \int_0^H T(z) \kappa_a(z) t(0, z) \sec \theta \mathrm{d}z \quad (4-7)$$

式中，θ 为微波辐射计入射角(SMAP 卫星的入射角为 $40°$)；$\tau(0, H)$ 为地面到 H 高度处的光学厚度；$T(z)$ 为大气的温度廓线；κ_a 为大气的衰减系数。通常情况下，大气中云、雨和水蒸气对微波传输的影响十分微弱，因此在 κ_a 的计算过程中仅仅考虑氧气的影响。衰减系数 κ_{O_2} (单位：dB/km)的计算公式如下[38]：

$$\kappa_{\text{O}_2}(f) = 1.1 \times 10^{-2} f^2 \left(\frac{P_a}{1\,013} \right) \left(\frac{300}{T_a} \right) \times \gamma \left(\frac{1}{(f - f_0)^2 + \gamma^2} + \frac{1}{f^2 + \gamma^2} \right)$$

$$(4-8)$$

式中，f 为 L 波段的频率（1.4 GHz）；f_0 为氧气吸收带的频率（60 GHz）；P_a 为大气的压强；T_a 为大气的温度；γ 为大气温压廓线（大气压强和温度的函数），其表达式如下：

$$\gamma = \gamma_0 \left(\frac{P}{1\,013}\right)\left(\frac{300}{T}\right)^{0.85} \tag{4-9}$$

$$\gamma_0 = \begin{cases} 0.59 & P \geqslant 333 \\ 0.59[1+0.003\,1(333-P)] & 25 \leqslant P \leqslant 333 \\ 1.18 & P \leqslant 25 \end{cases} \tag{4-10}$$

关于式(4-8)中需要输入的大气温压廓线，选用的是 1962 年美国标准大气廓线，表达式如下[39]：

$$T_a(z) = \begin{cases} T_0 - 6.5z & 0 \leqslant z \leqslant 11 \\ T(11) & 11 \leqslant z \leqslant 20 \\ T(11)+(z-20) & 20 \leqslant z \leqslant 32 \end{cases} \tag{4-11}$$

$$P(z) = P_0 e^{-z/7.7} \tag{4-12}$$

式中，T_0 为海表面大气温度；z 为海拔高度；$T(11)$ 为 11 km 高度处的大气温度；P_0 为海表面大气压强。

4.2 仿真结果与分析

本节所使用的数据是 2016 年 1 月 16—31 日 SMAP 卫星 L1B 大气顶端亮温数据（$T_{B,\,toa}$），该数据从美国冰雪数据中心（National Snow and Ice Data Center，NSIDC）下载（http://nsidc.org）。所

选取的研究区域为 130°～180°E，0°～30°N。

　　大气影响仿真结果如图 4 - 1、图 4 - 2、图 4 - 3 和表 4 - 1 所示。图 4 - 1 所示为微波辐射计入射角为 40°时大气透射率(t)随地面大气温度和地面大气压强的变化情况。从仿真结果可以看出，t 随地面大气温度的升高而增大，随地面大气压强的增大而减小。图 4 - 2 和图 4 - 3 为微波辐射计入射角为 40°时大气的上、下行辐射亮温(T_{BU}、T_{BD})随地面大气温度和地面大气压强的变化。

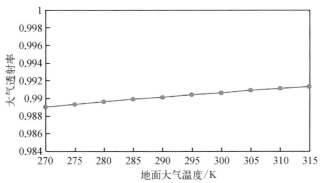

(a) 地面大气压强为 1 013 hPa 时，大气透射率随地面大气温度的变化

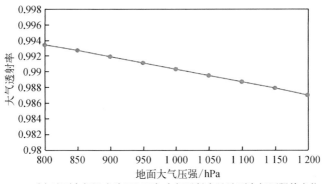

(b) 地面大气温度为 290 K 时，大气透射率随地面大气压强的变化

图 4 - 1　微波辐射计入射角为 40°时大气透射率的变化

由图 4-2 和图 4-3 可知,T_{BU} 和 T_{BD} 相差甚微[40],正常情况下小于0.002 K,T_{BU} 和 T_{BD} 均在 2～4.5 K 之间,并且随着地面大气温度的升高而减小,随着地面大气压强的增大而增大,随地面大气温度变化的范围要小于随地面大气压强变化的范围。结合式(4-1)可知,大气对亮温的影响随地面大气温度的升高而减小,随地面大气压强的增大而增大,造成的亮温误差为 2～4 K,超出了反演精度的要求。因此,在海表面亮温仿真过程中,需要去除大气辐射的影响。

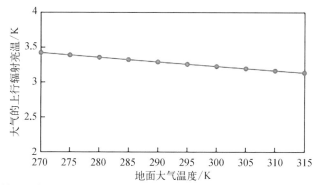

(a) 地面大气压强为 1 013 hPa时, 大气的上行辐射亮温随地面大气温度的变化

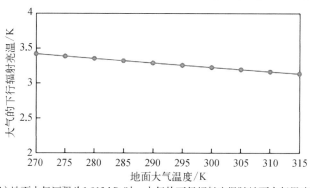

(b) 地面大气压强为 1 013 hPa时, 大气的下行辐射亮温随地面大气温度的变化

图 4-2 地面大气压强为 1 013 hPa 时,大气的上、
下行辐射亮温随地面大气温度的变化

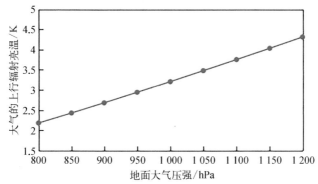

(a) 地面大气温度为 290 K 时，大气的上行辐射亮温随地面大气压强的变化

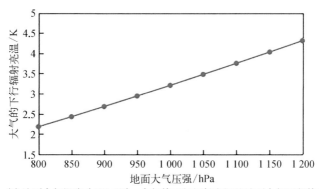

(b) 地面大气温度为 290 K 时，大气的下行辐射亮温随地面大气压强的变化

图 4-3　地面大气温度为 290 K 时，大气的上、
下行辐射亮温随地面大气压强的变化

表 4-1　微波辐射计入射角为 40° 时大气的上、下行辐射亮温
对地面大气温度和地面大气压强的变化率

入射角/ (°)	辐射类型	对地面大气 温度的变化率	对地面大气 压强的变化率
40	上行	0.006 4	0.005 3
	下行	0.006 4	0.005 3

表 4-1 为微波辐射计入射角为 40° 时 T_{BU} 和 T_{BD} 对地面大气温度及地面大气压强的变化率。由表 4-1 可知,当地面大气温度精度达到 2℃ 时,40° 入射角的亮温精度小于等于 0.012 8 K;当地面大气压强精度达到 10 hPa 时,40° 入射角的亮温精度小于等于 0.053 K。在这种情况下,对 T_{BU} 和 T_{BD} 的影响较小,符合反演精度要求[41],可以有效去除大气影响。

图 4-4 和图 4-5 分别为 SMAP 卫星升轨及降轨的海表面亮温($T_{B, sur}$)仿真结果。由图 4-4 和图 4-5 可知,SMAP 卫星升轨

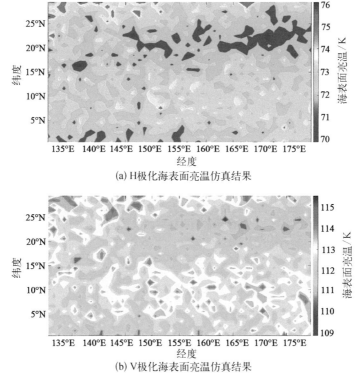

(a) H 极化海表面亮温仿真结果

(b) V 极化海表面亮温仿真结果

图 4-4　SMAP 卫星升轨海表面亮温仿真结果

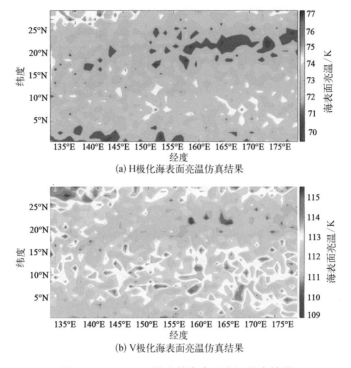

(a) H极化海表面亮温仿真结果

(b) V极化海表面亮温仿真结果

图 4 - 5　SMAP 卫星降轨海表面亮温仿真结果

及降轨海表面亮温数据相差不大,分布特征也较为相似,其中 H
极化海表面亮温变化范围为 69～77 K,V 极化海表面亮温数值较
大,变化范围为 109～115.5 K。

4.3　不同海水介电常数模型的平静海表面亮温仿真差异性分析

4.3.1　海水介电常数模型仿真分析

在之前的海洋微波遥感研究中,很少有学者专门对不同海水介电常数模型之间的差异性进行详细的仿真分析。针对这个问题,在本次研究中通过对 K - S、M - W、Bl 三种海水介电常数模型进行建模仿真分析,分析三种模型计算得到的平静海表面亮温与盐度的相关性差异,以及入射波天底角不同对亮温的影响。由于真实的平静海表面亮温是不存在的,因此我们使用 MATLAB R2016a 软件,通过改变不同的输入参数,包括电磁波入射角、温度、盐度、极化方式,对 K - S 模型、M - W 模型和 Bl 模型这三种海水介电常数模型进行了建模仿真,采用控制参数的方案,深入分析了影响平静海表面亮温仿真的影响因子,分析了海水介电常数实部、虚部值的差异性,并且计算了三种海水介电常数模型得到的平静海表面亮温和盐度变化率的关系,以及不同入射角对平静海表面亮温的影响,进而仿真分析海水介电常数模型的适用性,最终选出比较合适的模型。研究内容的基本技术流程如图 4 - 6 所示。

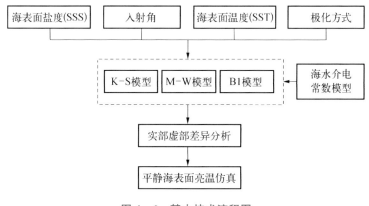

图 4 - 6　基本技术流程图

4.3.1.1　K - S 模型仿真分析

在 20 世纪 70 年代,Ho 和 Hall 利用 NaCl 溶液和海水在 L 波段和 S 波段进行实验,但是 Klein 和 Swift 对前者的数据开展统计分析后,发现 Ho 等测量的海水介电常数存在偏差,因此提出 K‑S 模型[2],其公式为

$$\varepsilon = \varepsilon_\infty + \frac{\varepsilon_s - \varepsilon_\infty}{1 + (i2\pi\upsilon\tau)^{1-\eta}} - i\frac{\sigma}{2\pi\varepsilon_0\upsilon} \qquad (4\text{-}13)$$

式中,i 取值为 $\sqrt{-1}$;υ 为电磁波入射角频率;σ 为海水离子电导率;η 为科尔扩散系数,其值一般$\ll 1$;τ 为海水极化状态结束所用的时间,称为弛豫时间;ε_0 为真空中的电容率,数值为 8.854×10^{-12};ε_s 为静态介电常数;ε_∞ 为海水在无限高频时的介电常数;ε 为海水的复介电常数。其中静态介电常数表达式如下:

$$\varepsilon_s(T, S) = \varepsilon_s(T)a(S, T) \qquad (4\text{-}14)$$

$$\varepsilon_s = 87.134 - 1.949 \times 10^{-1}T - 1.276 \times 10^{-2}T^2 + 2.491 \times 10^{-4}T^3 \qquad (4\text{-}15)$$

$$a(S, T) = 1 + 1.613 \times 10^{-5}ST - 3.656 \times 10^{-3}S + 3.210 \times 10^{-5}S^2 - 4.232 \times 10^{-7}S^3 \qquad (4\text{-}16)$$

式中,S、T 分别为实验数据中的海水盐度、温度。

利用 K‑S 模型在频率为 1.43 GHz 和 2.65 GHz 的条件下进行实验得出静态介电常数、弛豫时间、海水离子电导率,假定 η 为 0,则该模型仿真计算的平静海表面亮温的精度达到 0.3 K,且盐度在 4~35 PSU(practical salinity units)的范围内效果较好。我们基于单一的德拜方程,对 K‑S 模型进行仿真,分析海水介电常数的实部与虚部,根据模型的特性,分析实部和虚部随电磁波频率与

温度之间的关系。本节设定盐度为全球通用平均盐度值 32.54 PSU，结果如图 4‐7 所示。

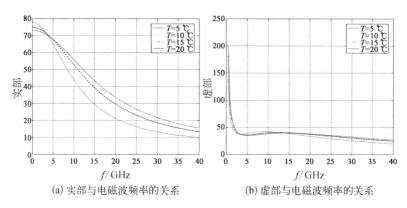

(a) 实部与电磁波频率的关系　　　　(b) 虚部与电磁波频率的关系

图 4‐7　不同海水温度下 K‐S 模型海水介电常数与电磁波频率的关系

从图 4‐7(a)中可以看出，在不同的海水温度下，海水介电常数的实部随电磁波频率的变化情况。在 0～4 GHz 频段，海水温度越低，海水介电常数实部的值越大；在 4～40 GHz 频段，海水介电常数实部值随温度的升高有增大的趋势。从图 4‐7(b)中可以看出，对于海水介电常数的虚部，在 0～4 GHz 频段，虚部值随电磁波频率变化的变化率很大，说明电磁波能量衰减迅速。总体来看，海水介电常数实部值随入射电场频率的增大而减小，虚部值在 0～4 GHz 频段随入射电场频率的增大快速减小，在 4～40 GHz 频段，随入射电场频率的增大逐渐增大，但变化比较缓慢，最终基本处于稳定的趋势，说明电磁波能量衰减得很缓慢。

4.3.1.2　M‐W 模型仿真分析

Meissner 等[42-43]提出的 M‐W 模型是使用双德拜方程来拟合海水介电常数的模型，模型公式为

$$\varepsilon = \varepsilon_\infty + \frac{\varepsilon_s - \varepsilon_1}{1 + i\dfrac{\upsilon}{\nu_1}} + \frac{\varepsilon_1 - \varepsilon_\infty}{1 + i\dfrac{\upsilon}{\nu_2}} - i\frac{\sigma}{(2\pi\varepsilon_0)\upsilon} \qquad (4 - 17)$$

式中,i 取值为 $\sqrt{-1}$;υ 为电磁波入射角频率;ν_1、ν_2 分别为一阶、二阶德拜松弛频率;σ 为海水离子电导率;ε_0 为真空中的电容率,数值为 8.854×10^{-12};ε_s 为静态介电常数;ε_∞ 为海水在无限高频时的介电常数;ε 为海水的复介电常数。其中该模型的静态介电常数[44-45]的表达式如下:

$$\varepsilon_s(T, S) = \varepsilon_s(T, S = 0) \cdot \exp[b_0 S + b_1 S^2 + b_2 TS] \tag{4 - 18}$$

$$\varepsilon_s(T, S = 0) = \frac{3.708\,86 \times 10^4 - 8.216\,8 \times 10^1 T}{4.218\,54 \times 10^2 + T} \qquad (4 - 19)$$

式中,b_0、b_1、b_2 为拟合系数。

对 M - W 模型进行仿真,分析海水介电常数的实部与虚部,仿真中同样将盐度设定为全球通用平均盐度值 32.54 PSU,得出的结果如图 4 - 8 所示。

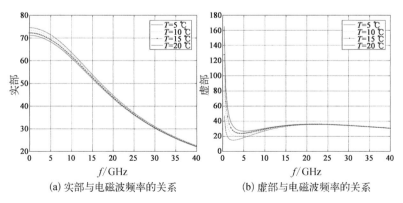

(a) 实部与电磁波频率的关系　　　　(b) 虚部与电磁波频率的关系

图 4 - 8　不同海水温度下 M - W 模型海水介电常数与电磁波频率的关系

从图 4-8(a)可以看出,由 M-W 模型得出的海水介电常数实部值随入射电场频率的增大而减小,在 0~4 GHz 频段实部值变化较小,在 4~40 GHz 频段变化较大;从图 4-8(b)中可以发现,海水介电常数虚部值在 0~4 GHz 频段快速减小,在 4~40 GHz 频段有增大的趋势并且逐渐趋于稳定状态,即在 0~4 GHz 频段电磁波能量随入射电场频率变大且衰减快,在 4~40 GHz 频段能量衰减很缓慢;M-W 模型海水介电常数实部值在 0~4 GHz 频段随海水温度的升高有减小的趋势,随入射电场频率的增大,不同温度下的海水介电常数实部值基本上无差异,同时虚部值也是在 0~4 GHz 频段表现出较明显的差异,且海水温度越高,衰减值越大。

4.3.1.3 B1 模型仿真分析

2013 年,Blanch 等的实验条件是测量频率为 1.43 GHz,盐度范围为 0~40 PSU,低盐度间隔为 2 PSU,高盐度间隔为 1 PSU,温度变化范围为 0~40℃,间隔为 0.7℃,通过对该条件下的数据进行拟合,得出 Bl 模型。虽然 Bl 模型同样也是基于单一的德拜方程,但与只是获取静态介电常数、弛豫时间和海水离子电导率的方法有差异,模型的形式如下所示:

$$\varepsilon = \varepsilon_\infty + \frac{\varepsilon_s - \varepsilon_\infty}{1 + i2\pi \upsilon \tau} - i\frac{\sigma}{2\pi \varepsilon_0 \upsilon} \qquad (4-20)$$

式中,ε_∞ 的取值为 4.9;ε_s 为静态介电常数,跟温度和盐度有关,由 Bl 模型实验数据拟合出相关系数;ε_0 为真空中的电容率,数值为 8.854×10^{-12};τ 为弛豫时间。其中 Bl 模型的静态介电常数形式如下:

$$\varepsilon_s(T,\,S)=\varepsilon_s(T)c(S,\,T) \qquad (4-21)$$

$$\varepsilon_s=87.346-3.436\times10^{-1}T-1.912\times10^{-3}T^2+$$
$$3.812\times10^{-5}T^3 \qquad (4-22)$$

$$c(S,T)=1+1.552\times10^{-5}TS-3.970\,3\times10^{-3}S+$$
$$3.059\,6\times10^{-5}S^2 \qquad (4-23)$$

式中，S、T 分别为实验中的海水盐度、温度。

对 Bl 模型进行仿真，分析海水介电常数的实部与虚部，模型仿真条件同样将盐度设定为全球通用平均盐度值 32.54 PSU，得出的结果如图 4-9 所示。

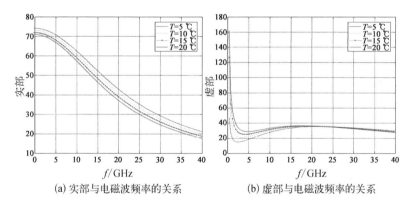

(a) 实部与电磁波频率的关系　　(b) 虚部与电磁波频率的关系

图 4-9　不同海水温度下 Bl 模型海水介电常数与电磁波频率的关系

从图 4-9(a) 中可以看出，由 Bl 模型得出的海水介电常数实部值随着入射电场频率的增大而降低，在 0～4 GHz 频段数值变化较小；从图 4-9(b) 中可以看出，对于海水介电常数虚部，在 0～4 GHz 频段，其值随入射电场频率变化而产生的变化率很大，此时电磁波能量衰减率大，在 4～40 GHz 频段，虚部值有增大的趋势并且逐渐趋于稳定状态;Bl 模型海水介电常数实部值在 0~4 GHz 频段随海水温度的升高有减小的趋势,而且减小的值几乎是成比例的,虚部值在 0~4 GHz 频段表现出的差异较明显,且海水温度越高,衰减值越大,但是在 4~40 GHz 频段随着入射电场频率的增大,海水温度对虚部值几乎没影响,即电磁波能量衰减程度是一样的。

4.3.1.4 三种模型不同入射电场频率的差异性分析

三种模型的海水介电常数的实部值、虚部值与入射电场频率密切相关。我们在盐度为全球通用平均盐度 32.54 PSU 和海水表面温度为平均海水温度 17.4℃的情况下[44],对三种模型分别进行仿真,得到了海水介电常数的实部、虚部值随不同入射电场频率的变化规律(见图 4 - 10)。

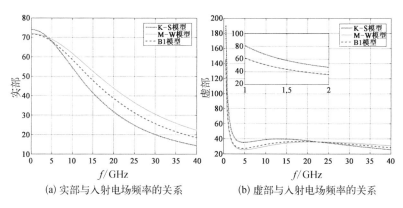

(a) 实部与入射电场频率的关系　　(b) 虚部与入射电场频率的关系

图 4‑10　三种模型的海水介电常数的实部和
虚部与入射电场频率的关系

从图 4 - 10(a)可以看出,在 0~4 GHz 的低频段,K‑S 模型得出的海水介电常数实部值相对于其他两个模型是较大的,在之后的较高频段 M‑W 模型得出的实部值是最大的,而 K‑S 模型得出的值变为三者中最小的。从图 4 - 10(b)中可以看出,对于海

水介电常数的虚部,由于盐度遥感所选用的是 L 波段(1.4～
1.427 GHz),所以重点比较三种模型在这个频段内的差异,但是从
图 4 - 10(b)可以看出,在 1～2 GHz 频段内,K - S 模型的海水介
电常数虚部值衰减量更大,而 M - W 模型和 Bl 模型的衰减值基本
上是一致的。总体上三种模型的海水介电常数实部值随入射电场
频率的增大,其值逐渐减小,虚部值在 0～4 GHz 频段是快速减
小,接着逐渐增大,最后趋于稳定。虽然三种模型的海水介电常数
总体变化趋势是相同的,但是也存在差异,产生这些差异最主要的
原因是静态介电常数方程的建立方式不同。

4.3.2　平静海表面亮温建模仿真

　　根据普朗克黑体辐射定律,定义物体的亮度温度(即亮温)为
与物体具有相同辐射功率的黑体的温度,因此亮温可以用来表征
物体的微波辐射能量,微波波段的平静海表面亮温 T_B 与海表面
温度 SST 有如下的关系:

$$T_B = e(\theta)\text{SST} \tag{4-24}$$

式中,$e(\theta)$ 为海面发射系数;SST 为海表面温度。根据基尔霍夫定
律,发射系数与反射系数存在如下的关系:

$$e(\theta, \phi) + \Gamma(\theta, \phi, \varepsilon) = 1 \tag{4-25}$$

式中,Γ 为菲涅耳反射系数,是电磁波入射角 θ、海水介电常数 ε、
方位角 ϕ、极化方式 P 的函数,在水平(H)和垂直(V)极化条件
下,反射系数分别为

$$\Gamma_H = \left| \frac{\cos\theta - \sqrt{\varepsilon - \sin^2\theta}}{\cos\theta + \sqrt{\varepsilon - \sin^2\theta}} \right|^2 \tag{4-26}$$

$$\varGamma_{V} = \left| \frac{\varepsilon \cos\theta - \sqrt{\varepsilon - \sin^2\theta}}{\varepsilon \cos\theta + \sqrt{\varepsilon - \sin^2\theta}} \right|^2 \tag{4-27}$$

式中，海水介电常数可以通过海水介电常数模型计算而得。

为了分析不同海水介电常数模型在不同电磁波入射角下，根据盐度卫星入射角的规律[40]，我们选取电磁波入射角 θ 为 15°、35° 和 55° 的三种情况，在此基础上分析了不同模型平静海表面亮温对盐度的灵敏度的差异性。图 4-11 所示为海表面温度设定为 17.4℃ 时，三种模型在频率为 1.413 GHz 条件下的水平极化亮温（T_{H}）、垂直极化亮温（T_{V}）。

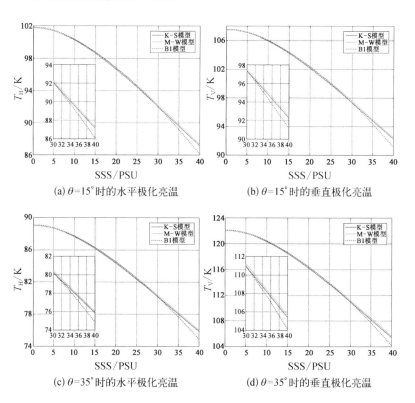

(a) θ=15°时的水平极化亮温

(b) θ=15°时的垂直极化亮温

(c) θ=35°时的水平极化亮温

(d) θ=35°时的垂直极化亮温

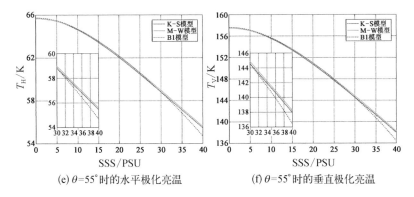

(e) $\theta = 55°$ 时的水平极化亮温　　(f) $\theta = 55°$ 时的垂直极化亮温

图 4 - 11　不同海水介电常数模型在不同入射角
情况下的亮温与盐度的关系

从图 4 - 11 可以看出,电磁波入射角越大,水平极化亮温值越
小,而垂直极化亮温值是随着入射角的增大而增大的;对于平静海
表面亮温,盐度与亮温的关系是随着盐度的增大,水平极化和垂直
极化亮温值逐渐减小;三种模型中亮温和盐度关系的差异主要是
由于模型中变量参数环境不同造成的。由于全球开放海域的盐度
值一般大于 32 PSU,所以为了更直观地体现三种模型亮温与盐度
的关系,重点关注盐度区间为 30～40 PSU 的变化情况,变化率用
如下公式计算:

$$T_{p\_variance} = \left| \frac{T_{30} - T_{40}}{S_{30} - S_{40}} \right| \qquad (4 - 28)$$

式中,T_{30}、T_{40} 分别代表盐度为 30 PSU、40 PSU 时的极化亮温;
S_{30}、S_{40} 分别代表盐度为 30 PSU、40 PSU 时的极化亮温;下标 p
为极化方式。表 4 - 2 是盐度范围为 30～40 PSU 的条件下,三种
模型不同极化方式下亮温和盐度的关系。

表 4-2 不同模型和极化方式下亮温与盐度变化率的关系

海水介电常数模型	$\theta = 15°$		$\theta = 35°$		$\theta = 55°$	
	$T_{B, H, var}$	$T_{B, V, var}$	$T_{B, H, var}$	$T_{B, V, var}$	$T_{B, H, var}$	$T_{B, V, var}$
K-S 模型	0.445 4	0.464 4	0.400 3	0.510 0	0.307 8	0.603 1
M-W 模型	0.446 9	0.465 9	0.401 8	0.511 5	0.310 3	0.604 6
Bl 模型	0.552 3	0.571 6	0.496 2	0.632 9	0.382 5	0.748 8

注：$T_{B, H, var}$、$T_{B, V, var}$ 分别为水平极化亮温、垂直极化亮温与盐度的变化率（单位：K/PSU）。

从表 4-2 可以看出，使用同一海水介电常数模型时，垂直极化亮温与盐度的变化率大于水平极化亮温与盐度的变化率，在电磁波入射角为 15°时，亮温与盐度的变化率基本不受亮温极化方式的影响；在电磁波入射角为 55°时，亮温与盐度的变化率受亮温极化方式的影响最大，三种海水介电常数模型的水平极化亮温与盐度的变化率分别为 0.307 8 K/PSU、0.310 1 K/PSU 和 0.382 5 K/PSU，垂直极化亮温对盐度的变化率分别为 0.603 1 K/PSU、0.604 6 K/PSU 和 0.748 8 K/PSU，三种模型的垂直极化亮温与盐度的变化率是水平极化亮温与盐度的变化率的 1 倍左右；随着电磁波入射角的增大，水平极化亮温与盐度的变化率是逐渐减小的，垂直极化亮温与盐度的变化率是逐渐增大的；在同一电磁波入射角的情况下，K-S 模型和 M-W 模型的极化亮温与盐度的变化率大致相同，而 Bl 模型的极化亮温与盐度的变化率曲线的斜率要大于前两者模型的。

基于微波遥感理论反演海表面盐度的主要影响要素分别是海表面亮温、海表面温度、微波辐射计的入射角和工作频率。海表面

亮温是反演海表面盐度的关键,三种模型的平静海表面亮温存在
一定的差异,对其差异性进行分析对于提高海表面盐度遥感反演
精度具有重要的指导意义。不同模型计算的平静海表面亮温存在
差异的主要原因是其各自的实验频率、温度和盐度不完全相同(见
表 4 - 3)。K - S 模型适合海水盐度在 4～35 PSU 的情况下,
1.43 GHz 和 2.653 GHz 频率的微波遥感探测,Bl 模型适合海水盐
度在 0～40 PSU 的情况下,低频微波遥感探测,在同样的海水盐度
范围内,M - W 模型适用的电磁波频率范围更广。

表 4 - 3　三种海水介电常数模型主要的实验条件

海水介电常数模型	频率范围/GHz	温度范围/℃	盐度范围/PSU
K - S 模型	1.43、2.653	5～30	4.14～35.25
M - W 模型	1.4～90	−2～30	0～40
Bl 模型	0.5～2.5	0～40	0～40

4.3.3　不同电磁波入射角和亮温的关系

由上述分析可知,极化亮温与电磁波入射角有关。我们计算
并得到了海水盐度为 32.54 PSU 及海表面温度为 17.4℃的情况
下,三种模型的平静海表面极化亮温(T)与电磁波入射角(θ)的关
系,结果如图 4 - 12 所示。

从图 4 - 12 中可以看出,三种模型得到的垂直极化亮温随着
电磁波入射角的增大而增大,而水平极化亮温随着电磁波入射角
的增大而减小,而且当电磁波入射角相同时,垂直极化亮温的值是
大于水平极化亮温的,但是在电磁波入射角为 0°的情况下,两种亮

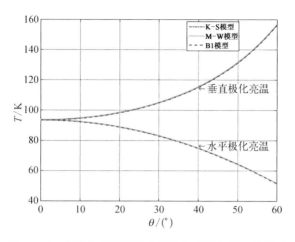

图 4‑12　平静海表面极化亮温与电磁波入射角的关系

温值是相同的。此外,我们还选取三种模型的极化亮温的平均值作为参考值,计算了其绝对偏差值 D。

$$D = x_i - \bar{x} \qquad (4-29)$$

式中,观测值 x_i 为三种模型的亮温值;$\bar{x}$ 为三种模型的平均亮温。

图 4‑13 为三种模型的极化亮温与平均亮温的偏差曲线与电磁波入射角的关系。由图可知,水平极化亮温与平均亮温的偏差值随电磁波入射角的增大而减小,垂直极化亮温与平均亮温的偏差值随电磁波入射角的增大而增大,K‑S 模型的亮温偏差值是最小的,M‑W 模型的偏差值是最大的,即 K‑S 模型得出的亮温值最接近三种模型的平均亮温。由于三种模型的静态介电常数、弛豫时间设置是不一样的,以及模型实验数据是在不同条件下获得的,因此实验所获得的拟合系数有着较大的差别,导致各模型所得的亮温值存在差异。

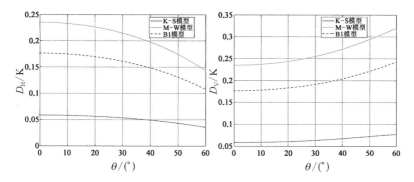

图 4‑13   三种模型的极化亮温与平均亮温的
偏差曲线与电磁波入射角的关系

第 5 章 微波辐射计海表面亮温与风矢量的关系研究

5.1 海表面亮温与风矢量的相关性分析

海表面亮温是进行海表面盐度遥感反演的关键因素。影响海表面亮温的要素主要有海表面粗糙度（由风浪引起）、海水温度、海水盐度和大气等，尤其海面风所导致的海表面粗糙度是影响海面亮温的关键要素[41,45]。为了更好地探究海面风矢量在不同极化状态下对海表面亮温变化的敏感性，我们利用 2014 年 5 月 1 日西北太平洋区域 Windsat 卫星 L2 风场数据和 SMOS 卫星入射角为 42.5°的 L1C 降轨数据进行研究，其中 SMOS 亮温数据约 0.73 万组，Windsat 风场数据约 0.67 万组。利用 MATLAB 对研究区域进行预处理，将 SMOS 卫星 L1C 亮温数据的 0.02°高分辨率网格数据降至与 Windsat 风场数据 0.25°分辨率的一致，剔除无效值后有效数据约 370 组。定量分析风速和风向对亮温的影响。

根据 Klein-Shift 模式[15]，卫星海表面盐度可以表示为

$$SSS = F^{-1}(T_{b,p}, f, \theta, SST) \qquad (5-1)$$

式中，SSS 为海表面盐度；$T_{b,p}$ 为海表面亮温；f 为微波辐射计频率；θ 为微波辐射计的入射角；SST 为海表面温度。

海表面亮温可以表示为平静海表面亮温和粗糙海表面亮温之和：

$$T_{b,p}(\theta,\ \text{SST},\ \text{SSS},\ P_{\text{rough}})$$
$$= T_{b,\text{flat},p}(\theta,\ \text{SST},\ \text{SSS}) + \Delta T_{b,\text{rough},p}(\theta,\ \text{SST},\ \text{SSS},\ P_{\text{rough}})$$

$$(5-2)$$

式中，θ 为微波辐射计的入射角；$T_{b,p}$ 为海表面亮温，其中下标 p 为微波辐射计的极化方式（H/V 极化）；SSS 为海表面盐度；P_{rough} 为粗糙度参数。

Windsat 卫星辐射计通道测量的亮温是海洋和大气辐射亮温的函数，其辐射传输模式函数为[46]

$$T_{B,V} = T_{BU} + \tau[E_V T + R_V(T_{BD} + \tau T_{BC})] \qquad (5-3)$$

$$T_{B,H} = T_{BU} + \tau[E_H T + R_H(T_{BD} + \tau T_{BC})] \qquad (5-4)$$

$$T_{B,3} = \tau[E_3 T + R_3(T_{BD} + \tau T_{BC})] \qquad (5-5)$$

$$T_{B,4} = \tau[E_4 T + R_4(T_{BD} + \tau T_{BC})] \qquad (5-6)$$

式中，$T_{B,p}$（p=V，H，3，4）为各个通道的测量亮温，用四种斯托克斯参数表示；T_{BU} 为大气上行辐射亮温；T_{BD} 为大气下行辐射亮温；T_{BC} 为宇宙背景亮温；τ 为大气透过率；T 为海表面温度；E_p、R_p（p=V，H，3，4）表示海面发射率和反射率。当空气中液态水含量小于 0.3 mm（即通常情况下认为的无雨状态），大气上行辐射亮温 T_{BU}、大气下行辐射亮温 T_{BD} 以及大气透过率 τ 关于水气含量(V)和液态水含量(L)的函数均可以表示为

$$T_{BU}(T_{BD},\ \tau) = a + bV + cV^2 + dL + eL^2 + fVL +$$
$$gT_s + hT_sV + iT_sL \qquad (5-7)$$

式中，a、b、c、d、e、f、g、h、i 为五个通道的不同大气参数系数。

斯托克斯参数定义如下：

$$g(E) = \begin{bmatrix} g_0 \\ g_1 \\ g_2 \\ g_3 \end{bmatrix} = \begin{bmatrix} |E_V|^2 + |E_H|^2 \\ |E_V|^2 - |E_H|^2 \\ 2\mathrm{Re}(E_V E_H) \\ 2\mathrm{Im}(E_V E_H) \end{bmatrix} = \begin{bmatrix} |E_{V_0}|^2 + |E_{H_0}|^2 \\ |E_{V_0}|^2 - |E_{H_0}|^2 \\ 2E_{V_0} E_{H_0} \cos\delta \\ 2E_{V_0} E_{H_0} \sin\delta \end{bmatrix}$$

$$(5-8)$$

式中，E_V 和 E_H 分别为电场矢量 E 的垂直和水平分量；g_0 正比于波的总振幅；g_1 为水平分量和垂直分量的振幅差；g_2 和 g_3 分别为电场矢量的垂直分量和水平分量之间的相位差。这种表示法通常被称为斯托克斯矢量法，它对完全极化波和部分极化波都有效。

假设泡沫的覆盖率为 f，泡沫的发射率为 1，那么上述海面的发射率 E_p 为

$$E_V = (1-f)e_V + f + \Delta e_V \qquad (5-9)$$

$$E_H = (1-f)e_H + f + \Delta e_H \qquad (5-10)$$

$$E_3 = \Delta e_3, \ E_4 = \Delta e_4 \qquad (5-11)$$

式中，f 采用 Monahan 模式[47]，$f = 1.95^{-5}W_s^{2.56}$；e_V、e_H 为与风向无关的表面发射率；Δe_V、Δe_H、Δe_3、Δe_4 为风向引起的发射率变化。

由上述亮温推导公式可知，海表面亮温与极化方式、辐射计入射角、海面状态、海水介电常数、海水温度有关。海水介电常数本身与海水盐度、海水温度和射频有关，海水盐度的变化又会改变海水介电常数，进而使得海表面亮温发生变化。海面风所导致的海

面粗糙度是影响海表面亮温的关键因素。

我们主要从垂直极化亮温 T_V、水平极化亮温 T_H 和四种斯托克斯亮温参数(S_1、S_2、S_3、S_4)进行研究。研究数据选用 Windsat 同一天的风场数据,通过计算亮温的均值、标准差确定其离散性。根据蒲福风级及扩展风力等级表进行风速等级划分,划分等级最大为 7 级,最小为 1 级(见表 5 - 1)。结合研究区域的风速有效性,定量分析风场和亮温的关系,最后结合 MATLAB 对亮温和风场变化进行模拟分析。

表 5 - 1　蒲福风级下卫星的有效风速均值

单位:m/s

风速等级	1 级	2 级	3 级	4 级	5 级	6 级	7 级
风速均值	1.33	2.55	4.55	6.63	9.36	11.93	14.39

5.1.1　海表面水平/垂直极化亮温与风速的相关性分析

图 5 - 1 所示为海表面水平/垂直极化亮温与风速的关系。从图 5 - 1(a)可以看出,水平极化状态下,海表面亮温与风速间整体呈现正相关性变化,1~7 级风速区间,海表面亮温总的变化量为 1.08 K;在 6~7 级风速区间,海表面亮温变化最为显著,变化量为 1.69 K。风速为 4 级时,海表面水平极化亮温增长出现小高峰,根据蒲福风级可知,主要表现为由小波浪波峰破碎后频繁出现的白浪导致,此时有效波高值在 0.7~1.4 m 之间。在 6 级风速时,海表面水平极化亮温减小并出现谷值,结合蒲福风级,此时海面开始形成大浪,白色飞沫到处涌现,在一定程度上抑制海面对光谱辐照度

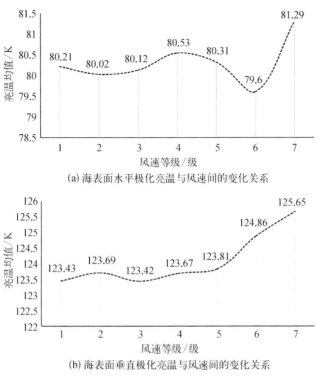

(a) 海表面水平极化亮温与风速间的变化关系

(b) 海表面垂直极化亮温与风速间的变化关系

图 5-1　海表面水平/垂直极化亮温与风速的关系

的吸收。从图 5-1(b)可以看出,垂直极化状态下,海表面亮温与风速整体变化趋势所具有的正相关性明显高于水平极化的,1～7级风速区间,海表面垂直极化亮温的变化量为 2.22 K,说明风速对海表面垂直极化亮温变化的波动性较强,变化趋势较为明显。为了更直观地研究风速与海表面亮温的变化关系,结合蒲福风级对图 5-1、表 5-1进行风速与海表面亮温的量化分析。风速整体均值变化量为 13.06 m/s。结合图 5-1 可知,1 m/s 的风速变化引起的海表面水平极化亮温的整体变化率为 0.08,在 6～7 级风

速区间变化率最大,为 0.69,在 4~5 级风速区间变化率最小,为
−0.02。1 m/s 的风速变化引起的海表面垂直极化亮温的整体变
化率为 0.17,在 5~6 级风速区间变化率最大,为 0.41,在 4~5
级风速区间变化率最小,为 0.05。海表面亮温变化率如表 5 − 2
所示。

表 5 − 2　海表面亮温变化率

亮温变化率	H 极化	V 极化
均　值	0.08	0.17
最大值	0.69(6~7 级)	0.41(5~6 级)
最小值	−0.02(4~5 级)	0.05(4~5 级)

由表 5 − 2 可知,水平极化状态下,6~7 级风速对海表面亮温
波动性影响最强;垂直极化状态下,5~6 级风速对海表面亮温波
动性影响最强。综上所述,从图 5 − 1 和表 5 − 2 中可以发现,水
平/垂直亮温与风速等级间的变化整体呈现正相关性。

5.1.2　海表面水平/垂直极化亮温与风向的相关性分析

目前,微温辐射计所能达到的风向角的精度大约在 20°,为了
更好地研究风向角与海表面亮温的变化关系,我们将风向角每 20°
进行区域划分(见表 5 − 3)。海表面水平/垂直极化亮温与风向的
关系如图 5 − 2 所示。从图 5 − 2(a)中可以发现,水平极化状态下,
海表面亮温随风向角整体变化的量为 0.46 K。从图 5 − 2(b)中可
以发现,垂直极化状态下,海表面亮温随风向角整体变化的量为
0.86 K。海表面垂直极化亮温对总体风向变化的敏感性要高于水

平极化亮温,这可能是由于水平极化电磁波受海面阻抗影响产生热能而使电场信号迅速衰减,而在 $280°\sim300°$ 风向角区间,水平极化电磁波受海面阻抗影响导致电信号衰减程度相对较小,因而出现波峰现象。垂直极化方式电磁波则不易产生极化电流,从而避免了能量的大幅衰减。

表 5-3 卫星有效风向角均值

单位:(°)

风 向 角	风向角均值	风 向 角	风向角均值
0~20	11.22	180~200	187.35
20~40	29.19	200~220	211.08
40~60	50.12	220~240	228.15
60~80	70.48	240~260	250.89
80~100	88.27	260~280	276.00
100~120	110.70	280~300	297.00
120~140	126.00	300~320	305.25
140~160	150.75	320~340	332.44
160~180	169.88	340~360	351.54

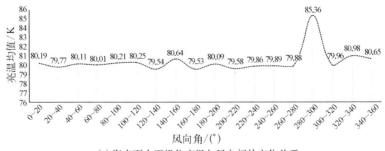

(a) 海表面水平极化亮温与风向间的变化关系

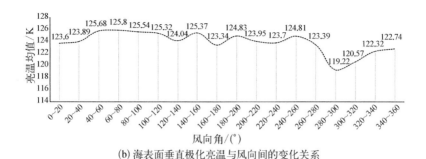

(b)海表面垂直极化亮温与风向间的变化关系

图 5-2　海表面水平/垂直极化亮温与风向的关系

根据风向角区间划分,选取卫星有效风向角数据相应区间的均值(见表 5-3)。由表 5-3 可知,整体风向角的变化量为 340.32°,结合图 5-2 可知,1°风向角变化所造成的海表面水平/垂直极化亮温的整体变化率分别为 0.001 4、0.002 5。根据目前所能达到的风向角准确度计算,每 20°风向角变化量,海表面水平/垂直极化亮温变化率分别为 0.028、0.050。在 260°～300°风向角区间,风向对海表面亮温的影响最显著,海表面水平/垂直极化亮温的波动值最大,分别为 5.48 K 和 4.17 K。

综上所述,在水平/垂直极化方式下,风速对海表面亮温的影响普遍较大。1°风向角变化量对海表面亮温的变化率远远小于 1 m/s 风速变化对海表面亮温变化率所产生的影响。就目前所能达到的风向角计算的准确度,即 20°风向角变化量对海表面亮温的变化率也明显小于 1 m/s 风速变化对海表面亮温变化率所产生的影响。

5.1.3　斯托克斯亮温参数与风速的相关性分析

图 5-3 所示为斯托克斯亮温与风速的关系。由图 5-3 可知,S_1、S_3、S_4 亮温参数与风速等级整体上均呈现正相关性,S_2 亮

温参数与风速等级整体上呈现负相关性。$S_1 \sim S_4$ 总体亮温参数随风速变化的量分别为 1.65 K、0.57 K、0.85 K 和 1.42 K。结合表 5-1,1 m/s 风速变化所造成的 $S_1 \sim S_4$ 亮温参数的整体变化率分别为 0.13、0.04、0.07、0.11。从整体斯托克斯亮温参数变化可知,S_1、S_4 亮温参数随风速变化的整体波动较大,说明其对风速的敏感性较高。斯托克斯亮温参数在 1～4 级风速区间对海表面亮温波动变化的影响相对较小,在 2 级风速时均出现小波峰(谷)值,5～6 级风速后均表现出很强的波动变化。表明斯托克斯亮温参数并非随风速的增加一直呈现单调递增的变化。

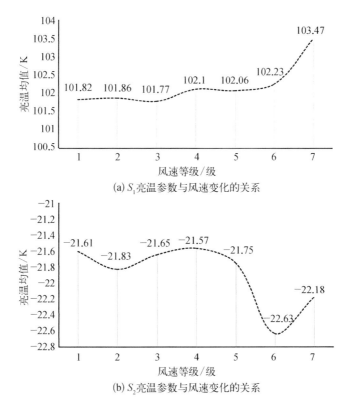

(a) S_1 亮温参数与风速变化的关系

(b) S_2 亮温参数与风速变化的关系

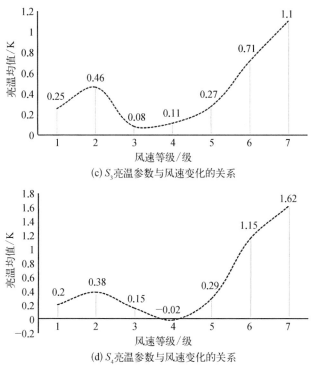

(c) S_3 亮温参数与风速变化的关系

(d) S_4 亮温参数与风速变化的关系

图 5 - 3 斯托克斯亮温参数与风速的关系

5.1.4 斯托克斯亮温参数与风向的相关性分析

图 5 - 4 所示为斯托克斯亮温参数与风向的关系。由图 5 - 4 可知，$S_1 \sim S_4$ 总体亮温参数均值随风向变化的量分别为 0.2 K、0.66 K、0.57 K 和 0.49 K。结合表 5 - 3 可知，整体风向角的变化量为 340.32°，即 20° 风向角变化所产生的斯托克斯亮温参数的变化率分别为 0.012、0.039、0.033 和 0.029。S_1 亮温参数随风向变化的整体变化率最小，所具有的相关性最差。四种斯托克斯亮温参数与风向整体均呈现波动性变化关系，且均在 280°～320° 风向角区间产生最大波动现象。

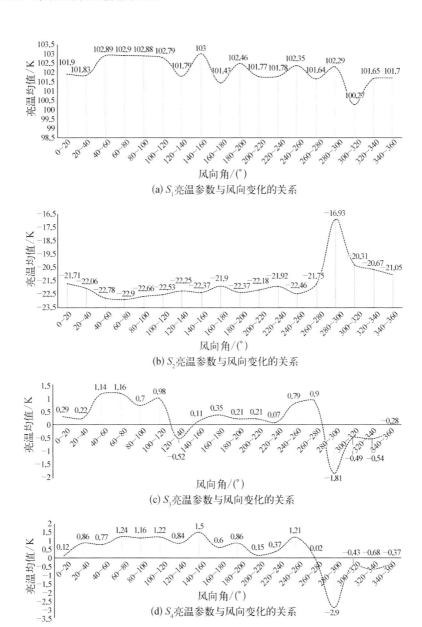

(a) S_1 亮温参数与风向变化的关系

(b) S_2 亮温参数与风向变化的关系

(c) S_3 亮温参数与风向变化的关系

(d) S_4 亮温参数与风向变化的关系

图 5-4 斯托克斯亮温参数与风向的关系

　　结合图 5-3、图 5-4 进行的相关性分析可知,风向对斯托克斯亮温参数的影响明显小于风速对其所产生的影响。S_2、S_3 亮温参数对风速的敏感性相对较高。20°风向角变化所造成的斯托克斯亮温参数的误差均小于 1 m/s 风速变化产生的影响。

5.2　风矢量对海表面亮温影响的模拟分析

5.2.1　风矢量对海表面水平/垂直极化亮温影响的模拟分析

　　为了更好地评估风矢量对不同极化状态下海表面亮温的影响,利用 MATLAB 并结合研究区域有效数据进行风场、海表面亮温的三次拟合模拟分析风矢量与海表面亮温的相关性,结果如图 5-5 所示。从图 5-5(a)中可以发现,水平极化状态下,海表面亮温在 3 级风速以下(即风速小于 5.4 m/s)随风向整体变化不敏感,3 级风速以上海表面亮温随风向角增大的敏感性逐渐增强,在 6 级风速以上(即风速大于 10.8 m/s),海表面亮温主要受风向角变化的影响,并呈现较强的正相关性变化关系。在 0°~150°风向角区间,海表面水平极化亮温随风速的增大逐渐呈现负相关性变化关系。在 300°~360°风向角区间,海表面水平极化亮温随风速呈现较强的正相关性变化关系。从图 5-5(b)中可以发现,海表面垂直极化亮温整体变化受风速变化的影响显著,在 6 级风速以上,海表面垂直极化亮温的波动变化主要集中在 100°~250°风向角区间,并且随风速变化呈现较强的正相关性变化关系。综上所述,海表面水平/垂直极化亮温随风速变化的敏感性导致的海表面

亮温变化比风向角变化所产生的影响要显著。在 5～6 级风速，
260°～300°风向角区间，亮温变化主要受风向影响较大。而在 3 级
风速以下，0°～150°风向角区间，风向对海表面水平/垂直极化亮
温的影响很小。

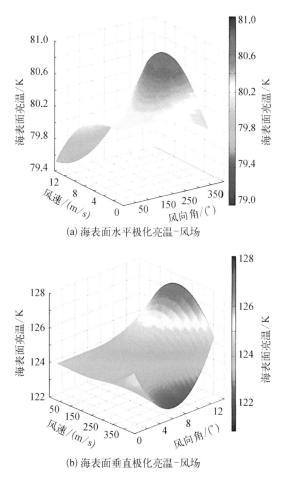

(a) 海表面水平极化亮温-风场

(b) 海表面垂直极化亮温-风场

图 5-5　风场变化对海表面水平/垂直极化
亮温影响的模拟分析结果

5.2.2 风矢量对斯托克斯亮温参数影响的模拟分析

风场变化对斯托克斯亮温参数影响的模拟分析结果如图 5-6 所示。在 0°~150°风向角区间，S_1、S_3、S_4 亮温参数整体随风速增大呈现较强的正相关性变化，亮温波动性且均在 6 级风速以上逐渐加强。在 300°~360°风向角区间，S_1、S_3、S_4 亮温参数随风速增大呈现先减小后增大的变化趋势。在 6 级风速以上，S_1、S_3、S_4 亮温参数主要受风向影响，随风向呈现先增大后减小的变化趋势，并在 100°~200°风向角区间亮温波动最为显著。S_2 亮温参数在 0°~150°风向角区间随风速增大逐渐呈现负相关性变化；风速在 5~6 级，280°~320°风向角区间，亮温受风向影响较大。在 3 级风速以下，0°~150°风向角区间，风向变化对四种斯托克斯亮温参数的影响无明显变化。

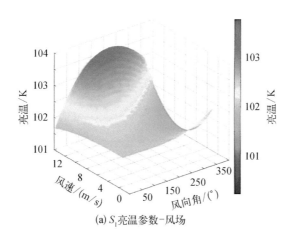

(a) S_1 亮温参数-风场

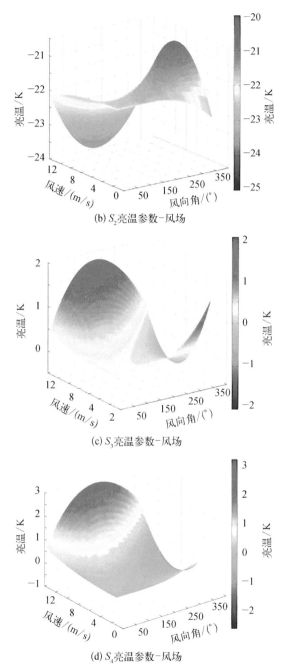

(b) S_2亮温参数-风场

(c) S_3亮温参数-风场

(d) S_4亮温参数-风场

图 5-6 风场变化对斯托克斯亮温参数影响的模拟分析结果

5.3　不同季节海面风矢量对海表面亮温增益的影响

微波亮温主要受海表面两种状态影响：一种是因海表面张力所造成的海表面粗糙度的增加；另一种是风速影响下的白帽和泡沫覆盖率的增加。我们就海面风矢量对季节性亮温增益变化进行了研究，使用 2015 年 1 月、4 月、7 月和 10 月 Windsat U10（海面 10 m 处风速）海面 L2 级风场数据，利用 MATLAB 按照 Windsat 0.25°分辨率进行网格剖分，再利用半经验半理论模型算法进行相同月份平均亮温增益计算，最后对风矢量与海表面水平/垂直极化亮温增益的相关性进行分析。该研究能够更好地了解不同区域季节性风场变化下亮温增益的分布情况。

5.3.1　亮温增益模型算法

海表面在实际情况下往往受海面风的影响处于非平静状态，根据蒲福风级可知，在风速为 3.4～5.4 m/s 时，小波峰顶开始破裂。波浪的跌宕起伏促使海面泡沫的产生，从而促进海表面粗糙度的增加，进而影响电磁波的散射，改变菲涅耳反射率，除此之外，电磁波入射角、海水介电常数以及方位角等也会对其产生影响。用于 SMOS 卫星海表面粗糙度亮温增益的正演模型包括三种[48]：① 基于大量卫星遥感数据和浮标数据拟合后得到的经验模型；② 基于粗糙海面发射率的电磁波辐射、散射的理论模型；③ 半经验半理论的反演算法。其中半经验半理论模型主要包括 Hollinger 半经验模型、WISE 半经验模型和 Gabarró 模型。

Hollinger 半经验模型[49]基于测量数据，海表面粗糙度对亮温的贡献可以表示为风速和电磁波入射角的线性函数关系：

$$\Delta T_{BH} = 0.2\Big(1 + \frac{\theta}{55°}\Big) U_{10} \qquad (5-12)$$

$$\Delta T_{BV} = 0.2\Big(1 - \frac{\theta}{55°}\Big) U_{10} \qquad (5-13)$$

式中，θ 为电磁波入射角；U_{10} 为海面 10 m 处的风速（风速小于 3 m/s）。

WISE 半经验模型[50]，其海表面发射率半经验模型表达式为

$$\Delta T_{BH} = 0.25\Big(1 + \frac{\theta}{118°}\Big) U_{10} \qquad (5-14)$$

$$\Delta T_{BV} = 0.25\Big(1 - \frac{\theta}{45°}\Big) U_{10} \qquad (5-15)$$

式中，$3 \text{ m/s} < U_{10} < 12 \text{ m/s}$。

Gabarró 模型[13]的表达式为

$$\Delta T_{BH} = 0.12\Big(1 + \frac{\theta}{24°}\Big) U_{10} + 0.59\Big(1 - \frac{\theta}{50°}\Big) \text{SWH} \quad (5-16)$$

$$\Delta T_{BV} = 0.12\Big(1 - \frac{\theta}{40°}\Big) U_{10} + 0.59\Big(1 - \frac{\theta}{50°}\Big) \text{SWH} \quad (5-17)$$

式中，SWH 为有效波高；U_{10} 大于 12 m/s。

由于海表面粗糙度直接影响亮温变化，进而对盐度反演影响也很大，因此我们基于 Hollinger 半经验模型和 WISE 半经验模型进行了海表面风速对海表面亮温及海表面粗糙度的影响的研究。开展此项研究的原因：一方面是风对海面波高的产生具有一定程度的贡献作用，从而避免了 Gabarró 模型中对海面波高的影响；另

一方面是上述两种半经验模型能够很大程度上还原海面风场实际情况,从而有利于进行风速引起的亮温增益综合性计算分析。

5.3.2　风矢量与海表面水平极化亮温增益的相关性分析

风矢量与海表面水平极化亮温增益的相关性分析结果如图 5-7 所示,月平均海表面水平极化亮温增益如表 5-4 所示。由图 5-7(图中空白区域为马利亚纳群岛中的小岛)、表 5-4 可知,1 月北半球处于冬季,东亚盛行来自蒙古、西伯利亚高压(亚洲高压)前缘的偏北风,低温干燥,风力强劲,气流大范围地从陆地吹向海洋,此偏北风在陆地表现强烈时即为寒潮。低纬度区域受下移的副热带高压影响,高纬度区域受阿留申低压进一步东移的影响,导致风引起的亮温增益变化由南向北呈现递减再相对增加的变化趋势。在 25°~28°N 范围内,亮温增益出现最小值,为1.06 K。说明该区域气压梯度力趋于平稳,同时该区域为西北风和东南风交汇处,与图中涡的形成相吻合。在低纬度区域,风速较其他区域显著加强。

4 月北半球处于春季,为季风过渡阶段,风向不稳定,主要受东风和东北风影响。风速和风向均呈现西南—东北对角线分布,对角线下方风向整体一致且风速引起的亮温增益显著较小,最小值为 1.31 K;对角线上方风向不稳定且有回旋涡出现,亮温增益在高纬度区域较为显著,引起的亮温增益最大值达到 3.16 K,受来自夏威夷高压和太平洋低压初步形成而产生的影响。

7 月北半球处于夏季,气压带和风带北移。该季节北半球的副热带高压被陆地上形成的亚洲低压切断,在海上形成夏威夷高压和亚速尔高压两个气压中心。该区域主要受东风影响,整体风速强度由东向西逐渐推进。西北太平洋夏季风经历三次活跃—中断循环,且在 7 月处于第二次循环期,为夏季风最强盛时期[42]。风速导致的亮温增益最大值达 3.47 K,为全年中亮温增益受风速影响最大的月份。同时,这种由气压梯度引起的风向变化也更好地解释了夏季风由海洋向陆地循环的现象。

10 月北半球处于秋季,低纬度副热带高压逐渐南移,低纬度区域依然受东风影响较为显著,高纬度区域出现明显的西北偏转现象。同时,研究区域在太平洋低压和夏威夷高压影响下形成较大范围的风场涡旋结构,出现较为明显的北太平洋暖流现象。风速导致的海表面水平极化亮温增益主要集中在高纬度区域,且最大值为 3.09 K,最小值则出现在低纬度区域,为 1.57 K。

综上所述,风矢量引起的海表面水平极化亮温增益变化在 7 月最为显著,1 月所受影响最小,符合张春玲等基于 Argo 观测的太平洋温度、盐度分布与变化研究的结果[51]。研究区域风场变化符合北太平洋暖流和北赤道暖流作用结果,其风速变化引起的海表面水平极化亮温增益与地理位置有着一定的关系。当经度相同时,1 月和 7 月亮温增益随纬度增加呈现单调递减的变化趋势较为明显;当纬度相同时,4 月和 10 月亮温增益则随经度的增加呈现较明显的递减变化。结合表 5-4 可知,全年平均亮温增益的最大值、最小值分别为 3.12 K 和 1.40 K。表明全年由风速引起的亮温增益均值变化与 4 月的情况最为接近;7 月亮温增益最大值、最小值均为全年中最大的,且风向的整体性变化较稳定,说明该季节风场主导亮温增益变化最为明显。

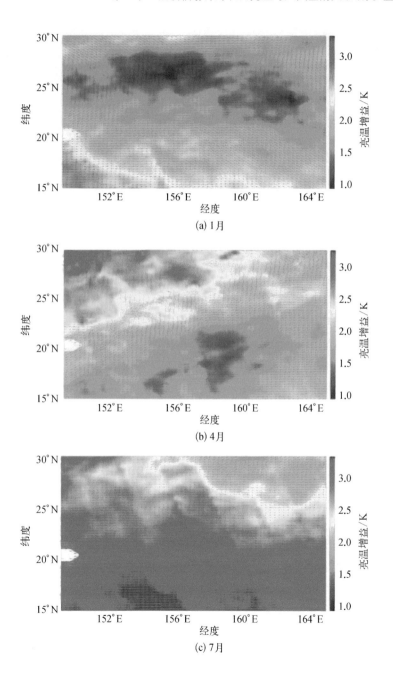

(a) 1月

(b) 4月

(c) 7月

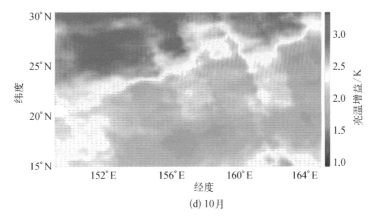

(d) 10 月

图 5－7　风矢量与海表面水平极化亮温增益的相关性分析结果

表 5－4　月平均海表面水平极化亮温增益

单位：K

亮温增益	日　　期				
	1 月	4 月	7 月	10 月	全年
最大值	2.75	3.16	3.47	3.09	3.12
最小值	1.06	1.31	1.65	1.57	1.40

5.3.3　风矢量与海表面垂直极化亮温增益的相关性分析

　　风矢量与海表面垂直极化亮温增益的相关性分析结果如图 5－8 所示,月平均海表面垂直极化亮温增益如表 5－5 所示。由图 5－8、表 5－5 可知,1 月由风速引起的海表面垂直极化亮温增益与水平极化亮温增益变化空间的影响因素一致,在低纬度和高纬度区域的变化较中纬度区域明显。结合表 5－5 可知,海表面垂直极化亮温增益变化量的最大值和最小值分别为 0.11 K 和 0.06 K,两者之间受风速影响产生的亮温增益变化差异极小仅为

0.05 K,相对 1 月海表面水平极化亮温增益变化差异 1.69 K,仅为其变化量的2.96%,说明风速对海表面垂直极化亮温增益变化的影响极小。就其增益变化分布而言,大致呈现轴对称分布变化。

4 月由风速引起的海表面垂直极化亮温增益的影响因素依然与水平极化亮温增益的相同。结合表 5‐5 可知,4 月海表面垂直极化亮温增益变化量的最大值、最小值分别为 0.13 K 和 0.06 K,两者之间受风速影响产生的亮温增益变化差异仅为 0.07 K,相对4 月海表面水平极化亮温增益变化差异 1.85 K,仅为其变化量的3.78%。就 4 月海表面垂直极化亮温增益变化分布而言,整体上符合西北太平洋副热带高压向南稳定、缓慢移动的过程。

7 月由风速引起的海表面垂直极化亮温增益较其他月份最为明显,结合表 5‐5 可知其最大值和最小值分别为 0.15 K 和0.07 K,两者间亮温增益变化量的差异为 0.08 K,相对 7 月海表面水平极化亮温增益变化差异 1.82 K,仅为其变化量的 4.40%。就风速对海表面垂直极化亮温增益变化影响的分析结果来看,相比同月份在海表面水平极化亮温增益所占比重,7 月的最为明显。其原因极有可能是西北太平洋副热带高压在5—8 月由南向北推进(8 月移至最北,8 月后南退)的影响,低纬度区域亮温增益依然较为显著。

10 月由风速引起的海表面垂直极化亮温增益依然与影响海表面水平极化亮温增益变化的因素一致。结合表 5‐5 可知,10 月海表面垂直极化亮温增益的最大值和最小值分别为 0.13 K 和0.07 K,两者间亮温增益变化量的差异为 0.06 K,相对于 10 月海表面水平极化亮温增益变化差异 1.52 K,仅为其变化量的3.95%。由于副热带高压逐渐南下,在高纬度区域海表面存在亮温增益差异的情况下,再结合风向变化,促进了涡旋的形成,对局部环流的形成具有一定影响。

　　综上所述,风速对海表面垂直极化亮温增益变化量的影响普遍较小[52]。风速对各月份海表面垂直极化亮温增益均值的最大值和最小值分别为 0.13 K 和 0.065 K;通过计算其标准差分别为 1.414×10^{-2} 和 0.5×10^{-2},说明风速对海表面垂直极化亮温增益变化量的整体影响较小,且几乎不受季节性变化的影响。在 7 月,海表面垂直极化亮温增益在低纬度区域受风速的影响普遍要大于其他月份,其原因极可能是受到了西北太平洋副热带高压由南向北推进过程的影响。同时结合图 5-8 可知,亮温增益变化在分界线相应风场均出现涡旋现象。

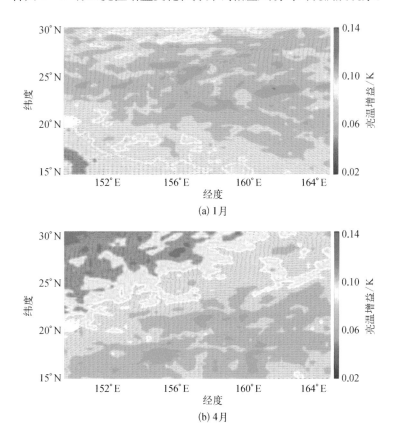

(a) 1月

(b) 4月

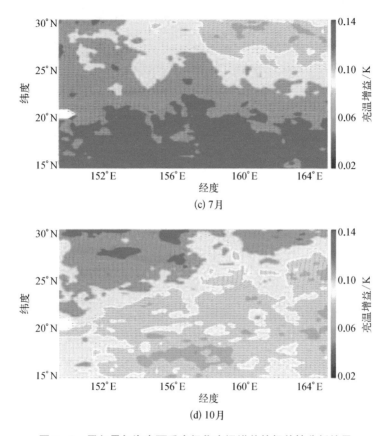

(c) 7 月

(d) 10 月

图 5 - 8　风矢量与海表面垂直极化亮温增益的相关性分析结果

表 5 - 5　月平均海表面垂直极化亮温增益

单位：K

亮温增益	日 期				
	1 月	4 月	7 月	10 月	全年
最大值	0.11	0.13	0.15	0.13	0.13
最小值	0.06	0.06	0.07	0.07	0.065

第 6 章 微波辐射计海表面盐度遥感反演及数据质量评估

6.1 人工神经网络反演算法

6.1.1 神经网络模型

神经网络(neural network,NN)是数据挖掘技术中的重要方法之一,可分为两类:一类是由生物脑细胞、神经元以及触点等构成的生物神经网络,可用来产生生物意识,帮助生物思考和行动;另一类是受到生物神经网络启发而产生的人工神经网络,其是通过模拟生物神经网络行为特征来进行信息处理的算法数学模型,具有自适应性、学习能力强和抗干扰能力等各种优点。

人工神经网络通常呈现为相互连接的神经元,每一个神经元能代表一种特定的函数、参量或输出结果。这些神经元通过一对一、一对多、多对一和多对多的方式来进行相互连接,这些特定的连接方式称为激活函数。神经元形式如下所示:

$$y = f\left(\sum_{i=1}^{n} \omega_i x_i + b\right) \tag{6-1}$$

式中，$x_i(i=1, 2, \cdots, n)$ 为神经元输入；$\omega_i(i=1, 2, \cdots, n)$ 为神经元之间的连接权值；b 为神经元的激活阈值；y 为神经元的输出；f 为激活函数。

激活函数有线性与非线性之分，但在神经网络中一般采用非线性激活函数。主要作用有两个：一是改变输入数据的线性关系，加入非线性因素，从而解决线性模型不足以解决的问题；二是完成数据的归一化，将输入数据映射到一定的值域范围内再往下传递，避免由于数据量过大而造成的溢出风险。常用的激活函数有：Sigmoid(S 形函数)、ReLU(线性整流函数)、Ramp Function(斜面函数)、Hardlim(硬限制传递函数)、Threshold Function(阈值函数)、Purelin(线性传输函数)等。尽管单个神经元和单向激活函数的构造比较简单，但是当众多的神经元和激活函数组合在一起时，就可以构造出庞大复杂的网络结构来解决各种科学领域的难题。

6.1.2　神经网络架构

神经网络的架构分为三类：前馈神经网络(feedforward neural network)、循环神经网络(recurrent neural network)和对称连接网络(symmetrically connected network)。

前馈神经网络：它是最简单，也是最常见的神经网络模型。其应用范围广，发展也较为迅速。前馈神经网络的第一层是输入层，中间可以有多个隐藏层，最后为输出层。其反馈信号仅在训练期间存在，并且只能向前传递直到输出层。常见的前馈神经网络有：BP 神经网络、径向基神经网络(radial basis function neural network，RBFNN)。

循环神经网络：与传统神经网络不同，其隐藏层之间的节点是存在连接的，隐藏层的输入由输入层的输入和上一时刻隐藏层的输出组成。它比前馈神经网络更具生物真实性，但其复杂的动态形式也使训练难度增倍。常见的循环神经网络有 Hopfield 神经网络、Elman 循环神经网络。

对称连接网络：它与循环神经网络类似，但其单元之间是对称连接的（即在两个方向上连接权重相同），相较于循环神经网络更容易分析，但同时这也限制了该网络模型变化的可能性，使其能力要弱于循环神经网络。常见的对称连接网络有玻尔兹曼机（Boltzmann machine）、受限玻尔兹曼机（restricted Boltzmann machine）。

6.1.3　神经网络反演算法

我们主要使用径向基神经网络模型来进行 SMAP 卫星数据的 SSS 反演。径向基神经网络是一种由输入层、隐藏层与输出层组成的三层神经网络，其从输入层到隐藏层之间的变换是非线性的，而从隐藏层到输出层的变换则是线性的。径向基神经网络训练速度快，非线性映射能力强，能够实现较高精度的 SSS 反演。由于反演的值是 SSS，因此输出的结果是一个标量，故输出层的神经元节点个数为 1。我们采用了影响盐度反演的 5 个因素作为输入参量，分别为海表面水平极化亮温（T_{BH}）、海表面垂直极化亮温（T_{BV}）、海表面温度（SST）、风速（U_{10}）和有效波高（SWH），即输入层包含 5 个节点。在径向基神经网络中，隐藏层的节点个数是不确定的，它将在设计网络的训练过程中根据自身设置的目标误差值不断增加，直到达到预期的误差要求。本网络的训练误差设置为 0.01。其网络结构如图 6-1 所示。

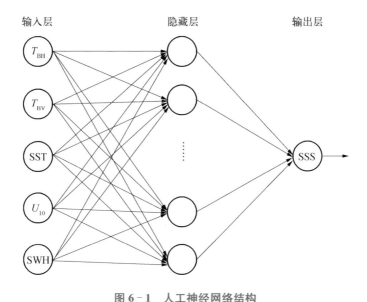

输入层　　　　　　　隐藏层　　　　　输出层

图 6 - 1　人工神经网络结构

6.2　反演结果分析和讨论

输入样本集在输入径向基神经网络之前须进行预处理,采用 MATLAB 插值函数将 5 个输入参量进行网格化处理,按 $1° \times 1°$ 的空间分辨率进行匹配,剔除无效值后存在有效数据 1 456 组。分别取前 700 组、800 组、900 组、1 000 组、1 100 组和 1 200 组作为训练样本输入神经网络进行训练,利用训练得出的模型对剩余样本组进行检验,检验所得相对误差如表 6 - 1 所示。可以看出,在神经网络反演过程中,训练样本集选取数量的不同将对反演结果造成一定的影响,随着训练样本的增加,相对误差逐渐减小,当训练样本为 1 000 组时,平均相对误差最小,最大相对误差较小,之后随着训练样本的增加,相对误差又逐渐增大,这可能是由于随着神经网络训练中迭代次数的增加,曲线由欠拟合变得过度拟合所导致的。

表 6 - 1　相对误差分析

训练样本[升轨 (Argo SSS - SMAP SSS) Argo SSS]/组	平均 相对 误差	最大 相对 误差	训练样本[降轨 (Argo SSS - SMAP SSS) Argo SSS]/组	平均 相对 误差	最大 相对 误差
700	0.007 9	0.023 4	700	0.007 5	0.024 2
800	0.008 0	0.024 6	800	0.007 6	0.022 4
900	0.007 9	0.020 2	900	0.007 4	0.021 4
1 000	0.007 6	0.023 1	1 000	0.007 2	0.021 3
1 100	0.008 1	0.031 0	1 100	0.007 6	0.021 0
1 200	0.010 1	0.073 1	1 200	0.007 2	0.025 3

根据上述结论,选取训练样本为 1 000 组时的反演结果作为本次神经网络反演 SSS 精度评估的依据。图 6 - 2 为训练样本为 1 000 组时 SMAP 卫星升轨数据反演 SSS 的结果与 Argo 实测 SSS 数据的对比情况,图 6 - 3 为训练样本为 1 000 组时 SMAP 卫星降轨数据反演 SSS 的结果与 Argo 实测 SSS 数据的对比情况。从图 6 - 2 和图 6 - 3 中可以看出,利用 SMAP 卫星升轨和降轨数据进行 SSS 反演测试,结果均较好,残差基本上集中在 0.6 以内。两者 SSS 的测试结果在 SSS 值小于 34.4 PSU 的区域误差较大,在 SSS 值接近 35.4 PSU 的区域,降轨数据 SSS 的测试结果要稍

好于升轨数据 SSS 的测试结果。由表 6‑1 可知，当训练样本为
1 000 组时，升轨、降轨数据海表面反演盐度与 Argo 实测 SSS 的相
对误差均较小，其中升轨数据反演 SSS 的平均相对误差要略大于
降轨数据反演 SSS 的平均相对误差。

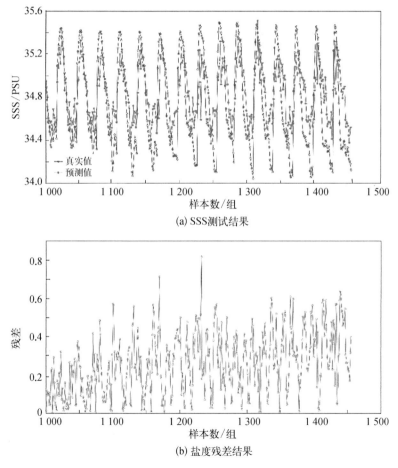

(a) SSS测试结果

(b) 盐度残差结果

图 6‑2　训练样本为 1 000 组时，SMAP 卫星升轨
数据反演 SSS 与 Argo 实测 SSS 数据的对比

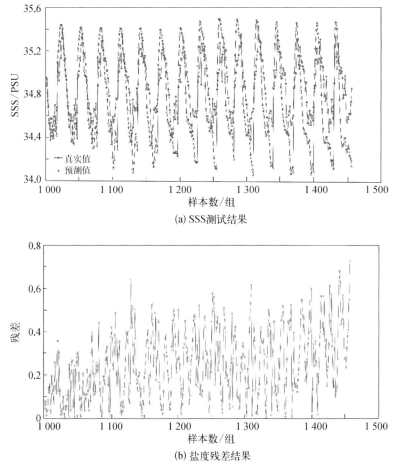

(a) SSS测试结果

(b) 盐度残差结果

图 6‑3　训练样本为 1 000 组时，SMAP 卫星降轨
数据反演 SSS 与 Argo 实测 SSS 数据的对比

6.3　微波辐射计海表面盐度遥感数据质量评估

主要利用 Argo 浮标获取的表层盐度观测值（＜5 m）对 SMAP 卫星 L3 级海表面反演盐度数据的质量进行评估。首先，选取 2016 年全年的 SMAP 卫星 L3 级反演盐度数据以及 Argo 浮标的实测盐度数据进行时空匹配，所有数据分为每月数据与每日数据，将 SMAP 卫星月平均数据采用三次多项式插值方法生成 1°×1°的空间分辨率，再将该数据与 Argo 月平均网格化盐度数据在空间上进行匹配；而每日数据则在时间和空间上都使用最近点原则（closet point of approach，CPA）与每日 Argo 浮标的实测数据（WMO ID：2901520，WMO ID：2901548）进行匹配，其中数据匹配的最大时间间隔为 1 天，最大空间匹配半径为 0.25°。其次，对匹配数据进行检测，剔除异常数据对；利用最小二乘法（线性回归）将匹配数据进行拟合，计算其回归系数、相关系数 r、判定系数 r^2、偏差（Bias）和均方根误差（RMSE），评估 Argo 浮标的实测数据与 SMAP 卫星反演的 SSS 数据的相关性，并利用 T 检验法对其相关性进行显著性检验。最后，在时间和空间上对两者间误差的分布特征进行分析，其中时间上根据冬季（12 月至次年 2 月）、春季（3—5 月）、夏季（6—8 月）和秋季（9—11 月）四个季节来进行分析，空间上研究其纬向分布的特征。技术流程如图 6‐4 所示。

6.3.1　评估方法

数据评估方法主要是采用统计学中的最小二乘法（线性回

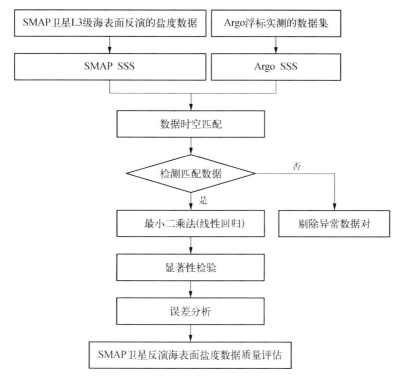

图 6-4   技术流程图

归),一元线性回归拟合方程为

$$S_{sat} = a + bS_{insitu} \qquad (6-1)$$

式中,S_{sat}、S_{insitu}分别为卫星反演的 SSS 数据和实测的 SSS 数据。通过回归方程计算相关系数 r 和判定系数 r^2 来评估实测 SSS 数据与卫星反演 SSS 数据的相关性,并通过 T 检验法对其相关性进行显著性检验。T 检验过程是对两样本均数差别的显著性进行检验,可以用于比较两组数据的区分度。检验步骤如下:

（1）提出零假设 H_0，假设两变量无线性相关性。

（2）构造 T 统计量，并由样本计算其值。

$$T = \frac{\bar{d} - \mu_0}{s_d / \sqrt{n}} \sim t(n-1) \qquad (6-2)$$

式中，两配对样本 X_i 与 Y_i 之差为 $d_i (i=1, 2, \cdots, n)$；$\bar{d} = \frac{1}{n} \sum_{i=1}^{n} d_i$，为配对样本差值的平均数；$\mu_0$ 为总体均值；$s_d = \sqrt{\frac{1}{n-1} \sum_{i=1}^{n} (d_i - \bar{d})^2}$，为配对样本差值的标准偏差；$n$ 为配对样本的数量；$t(n-1)$ 为自由度为 $n-1$ 的 t 分布。

（3）规定显著性水平 α，得置信区间 ci。

（4）比较和判断：若 T 统计量在 ci 范围外，则拒绝原假设 H_0，说明两变量存在线性相关的关系；若 T 统计量在 ci 范围内，则一般认为不存在线性相关关系。

变量间的相关程度取决于相关系数 r 的值，r 值越大，说明两变量相关程度越高；r 值越小，则相关性越低。此外，还计算了匹配 SSS 数据的 Bias 和 RMSE。因为均方根误差对数据中特大、特小的误差反应非常灵敏，所以用它来确定卫星反演的 SSS 数据和实测的 SSS 数据之间的偏差，能够很好地体现出卫星反演盐度数据的准确度。以下为 Bias 和 RMSE 的计算公式：

$$\text{Bias} = \frac{1}{n} \sum_{i=1}^{n} (S_{sat} - S_{insitu}) \qquad (6-3)$$

$$\text{RMSE} = \sqrt{\frac{1}{n} \sum_{i=1}^{n} (S_{sat} - S_{insitu})^2} \qquad (6-4)$$

6.3.2 结果与分析

6.3.2.1 数据评估结果

匹配数据集统计及检验结果如图 6 - 5 和表 6 - 2 所示。从匹配结果可以看出，SMAP 卫星 SSS 数据（SMAP SSS）与 Argo 浮标实测 SSS 数据（Argo SSS）之间具有正相关的线性关系，相关系数 r 为 0.91，RMSE 为 0.11，Bias 为 0.17。从表 6 - 2 可以看出，其 T 统计量为 36.41，置信区间 ci 为 $[0.12，0.14]$，T 统计量远大于 ci，说明 SMAP SSS 与 Argo SSS 显著相关。

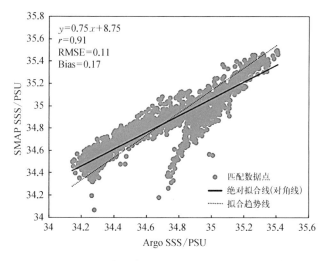

图 6 - 5　SMAP 数据与 Argo 浮标盐度数据对比散点图

表 6 - 2　SMAP 卫星 SSS 与 Argo 浮标实测 SSS 数据的相关性检验分析表

r	RMSE	Bias	T 统计量	ci
0.91	0.11	0.14	36.41	$[0.12，0.14]$

注：显著性水平 $\alpha = 0.01$。

6.3.2.2　单点 Argo 浮标数据比较结果

图 6‑6(a)和 6‑6(b)显示了 Argo 浮标和 SMAP 卫星相同位置每日 SSS 值的时间序列。从图 6‑6(a)和图 6‑6(b)中可以发现,在整个周期内所有的 SMAP 卫星 SSS 值均大于 Argo 浮标实测 SSS 值,除了个别几点之外,SMAP 卫星 SSS 与 Argo 浮标实测 SSS 的变化趋势也能一一对应。图 6‑6(c)和 6‑6(d)显示了 SMAP 与 Argo 每日数据之间的相关系数(r),观察到其值分别为

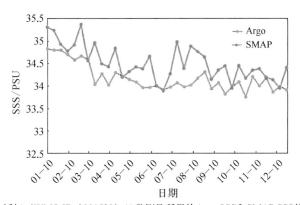

(a) Argo浮标（WMO ID：2901520）日常测量所得的Argo SSS和SMAP SSS的时间序列

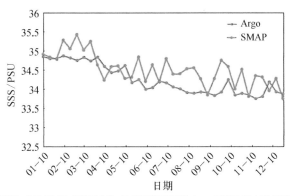

(b) Argo浮标（WMO ID：2901548）日常测量所得的Argo SSS和SMAP SSS的时间序列

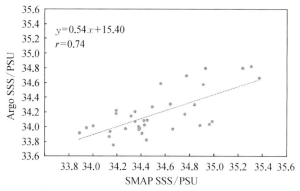

（c）Argo浮标（WMO ID：2901520）每日SMAP SSS和Argo SSS之间的散点图

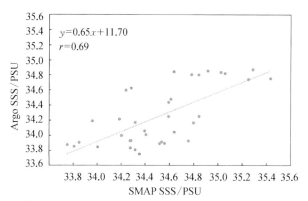

（d）Argo浮标（WMO ID：2901548）每日SMAP SSS和Argo SSS之间的散点图

图 6-6　2016 年 Argo 单点浮标 SSS 数据与
SMAP 卫星 SSS 数据比较结果

0.74 和 0.69，其中 Argo 浮标 2901520 的 RMSE 和 Bias 分别为 0.43
和 0.34，Argo 浮标 2901548 的 RMSE 和 Bias 分别为 0.41 和 0.26。

6.3.2.3　空间分布比较

图 6-7 显示了 SMAP SSS 和 Argo SSS 之间 RMSE 的空间
分布，SMAP SSS 和 Argo SSS 之间的 Bias 以及 SMAP SSS 与

Argo SSS 的年平均分布情况。由图 6‐7(c)和 6‐7(d)可以看出，SMAP 卫星年平均 SSS 数据与 Argo 实测年平均 SSS 数据在西太平洋海域基本吻合，SSS 变化范围在 34.0～35.4 PSU，具有纬线带状分布特征，从赤道开始随纬度的增加 SSS 的值也在增大，但在大洋边缘海区，由于蒸发量远小于降水量，出现明显的低盐区。两者的海表面盐度最大值均出现在 175°E,25°N 附近海域，最小值出现在 145°E,5°N 附近海域，从沿海区域到开阔大洋，SSS 值逐渐增大。在图 6‐7(d)中，靠近赤道及其邻近海域(0°～13°N)存在一条盐度极低值带，结合图 6‐7(a)和 6‐7(b)可以看出，该区域 SMAP SSS 与 Argo SSS 之间的偏差较大，其原因可能是这一海域存在许多小岛，如马绍尔群岛，Argo 实测数据较少，从而造成其网格化的盐度数据存在较大偏差。从整体上看，RMSE 值介于 0～0.35,15°～30°N 海域 RMSE 较小，低于 0.20。观察到 SMAP SSS 和 Argo SSS 之间的偏差较小，整体在 0.20 以内，在西太平洋南部海域偏差较大，达到 0.30。

(a) RMSE

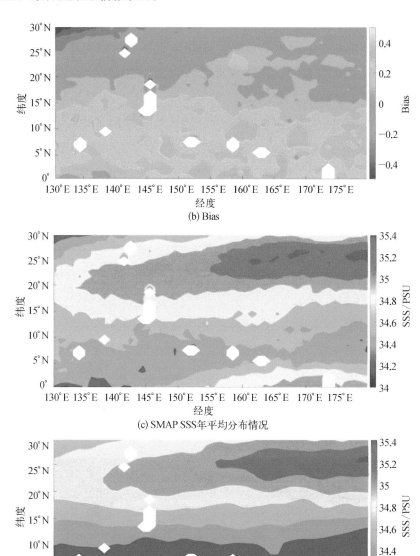

图 6－7　SMAP 卫星与 Argo 浮标 SSS 数据的空间分布比较

在 0°～30°N 范围内,按 1°间隔统计了 SMAP SSS 的平均值、
Argo SSS 的平均值以及两者之间的偏差,结果如表 6‐3 所示,并
根据表 6‐3 中的数据用图的形式表现了 SMAP SSS 的平均值和
海表面盐度偏差随纬度变化的情况,如图 6‐8 所示。由图 6‐8(a)
可以看出,SMAP SSS 随纬度的上升呈现减小、增大再减小的趋
势,在 5°N 附近出现最小值,在 25°N 附近出现最大值。结合
图 6‐8(b)可以发现,以 25°N 附近为分界线,SMAP SSS 在纬度
低于 25°N 的海域存在明显的正偏差,在纬度高于 25°N 的海域存
在负偏差,并且在靠近赤道及其邻近海域(0°～13°N)偏差较大,均
值大于 0.20,最大值接近 0.40,这与图 6‐7 中的结论相符,其原因
也可能是该海域小岛众多,Argo 浮标投放较少,导致所测得的海
表面盐度误差较大。而在 25°～30°N 的海域,平均偏差为负,且偏
差变化范围较大,最大负偏差接近−0.50,这可能是由于低温以及
高风速混合作用导致的。

表 6‐3　不同纬度的 SMAP SSS 和 Argo SSS 的平均值及两者的偏差

纬　度	SMAP SSS 平均值	Argo SSS 平均值	Bias	纬　度	SMAP SSS 平均值	Argo SSS 平均值	Bias
0°30′N	34.75	34.53	0.22	6°30′N	34.52	34.27	0.25
1°30′N	34.74	34.50	0.24	7°30′N	34.53	34.29	0.25
2°30′N	34.69	34.45	0.23	8°30′N	34.55	34.31	0.24
3°30′N	34.64	34.41	0.26	9°30′N	34.59	34.34	0.25
4°30′N	34.57	34.35	0.22	10°30′N	34.63	34.38	0.25
5°30′N	34.52	34.29	0.23	11°30′N	34.67	34.43	0.23

（续表）

纬　度	SMAP SSS 平均值	Argo SSS 平均值	Bias	纬　度	SMAP SSS 平均值	Argo SSS 平均值	Bias
12°30′N	34.72	34.50	0.22	21°30′N	35.13	35.06	0.08
13°30′N	34.77	34.56	0.21	22°30′N	35.17	35.09	0.08
14°30′N	34.81	34.62	0.18	23°30′N	35.18	35.12	0.06
15°30′N	34.84	34.69	0.15	24°30′N	35.17	35.14	0.03
16°30′N	34.88	34.75	0.13	25°30′N	35.14	35.14	−0.00
17°30′N	34.92	34.82	0.10	26°30′N	35.11	35.11	−0.01
18°30′N	34.98	34.88	0.10	27°30′N	35.00	35.06	−0.06
19°30′N	35.04	34.95	0.09	28°30′N	34.85	34.98	−0.14
20°30′N	35.08	35.01	0.07	29°30′N	34.73	34.91	−0.17

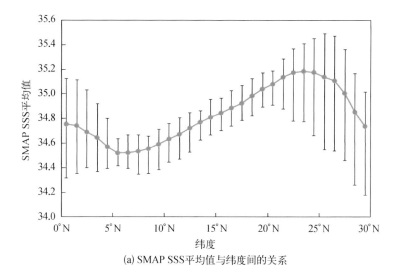

(a) SMAP SSS平均值与纬度间的关系

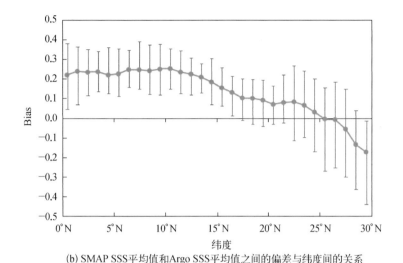

(b) SMAP SSS平均值和Argo SSS平均值之间的偏差与纬度间的关系

图 6‐8　SMAP SSS 平均值与海表面盐度偏差随纬度变化的情况

6.3.2.4　季节变动特征的比较

　　SMAP 卫星与 Argo 浮标获取的不同季节的海表面盐度如图 6‐9 所示。将图 6‐9(a)、图 6‐9(c)、图 6‐9(e)、图 6‐9(g)与图 6‐9(b)、图 6‐9(d)、图 6‐9(f)、图 6‐9(h)分别相对应可以看出，SMAP SSS 与 Argo SSS 在西太平洋海域的季节性分布大体一致，SSS变化范围为 33.6～35.8 PSU。根据 SMAP 卫星获取的季节海表面盐度值可知，在西太平洋 20°N 以北海域存在高盐区，其盐度值高于35.2 PSU。如图 6‐9 所示，高盐舌冬季开始向东消退［见图 6‐9(a)］，春季结束又开始向西入侵［见图 6‐9(c)］，之后在夏季高盐区范围达到最大后又呈现消退现象［见图 6‐9(e)和图 6‐9(g)］。在西太平洋 13°N 以南海域，海表面盐度值较低，并且在夏季和秋季低盐区范围扩大［见图 6‐9(e)、图 6‐9(f)、图 6‐9(g)和图 6‐9(h)］。由

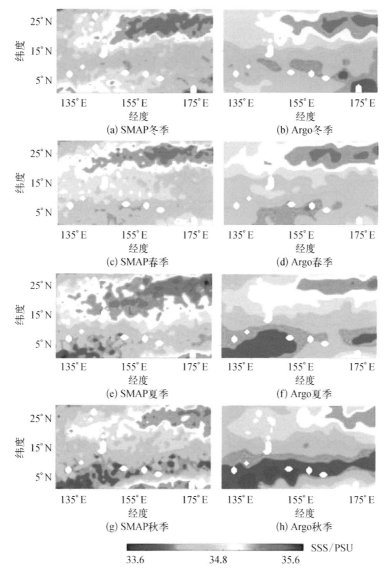

(a) SMAP冬季　　(b) Argo冬季

(c) SMAP春季　　(d) Argo春季

(e) SMAP夏季　　(f) Argo夏季

(g) SMAP秋季　　(h) Argo秋季

SSS/PSU
33.6　　34.8　　35.6

图 6 - 9　SMAP 卫星与 Argo 浮标获取的不同季节的海表面盐度

图 6 - 10 可知,SMAP 卫星获取的海表面盐度与 Argo 浮标实
测的海表面盐度在低盐区海域的对比结果较差,误差较大,其
中该区域夏、秋两季误差较其他季节更大,如图 6 - 10(e)、
图 6 - 10(f)、图 6 - 10(g) 和图 6 - 10(h)所示,这与王进等[53]在
太平洋的研究结果一致,其原因可能是研究区域西南部靠近陆
地,受大陆气候影响,地表径流的汇入以及降雨量的增加引起较
强的盐度层化现象[54]。从整体上看,除了夏季以外的所有季节,
研究区域大部分海域海表面盐度反演值与实测值间的误差较
小,RMSE 小于 0.25。

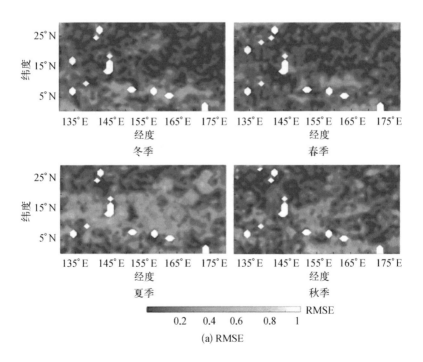

(a) RMSE

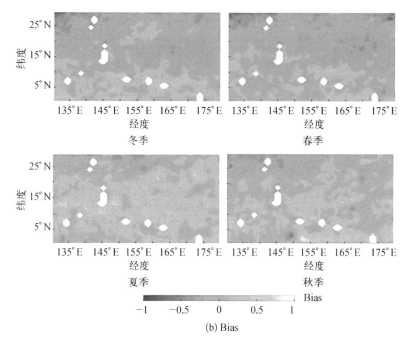

图 6‒10 不同季节 SMAP SSS 与 Argo SSS 的 RMSE 和 Bias 分布

表 6‒4 列出了不同海表面盐度值区间 SMAP SSS 与 Argo SSS 对比的统计结果。由表 6‒4 可知，除盐度值较低的极少数匹配数据点外，绝大多数 SMAP SSS 值在各海表面盐度值区间内均较 Argo SSS 值高，并以 34.8 PSU 的盐度值为边界。在低盐端误差均较大，RMSE 均大于 0.22，Bias 最大可达 0.18；在高盐端误差较小，Bias 小于 0.12，RMSE 也较低盐端小，可以发现在海表面盐度较高的区域 SMAP SSS 与 Argo SSS 数据匹配得更好。从图 6‒11 中可以看出，SMAP SSS 及其偏差随时间变化的趋势相似，海表面盐度偏差在夏季（7 月）达到最大值，在秋季（9 月）达到次高峰，随后呈减小趋势，但总体上还是较春、冬两季大，该结论与图 6‒10 所示的结论基本相同。

表 6 - 4 　 SMAP SSS 与 Argo SSS 比较的统计结果

SMAP SSS/PSU	匹配点数/个	RMSE	Bias
34.0～34.2	3	0.32	−0.27
34.2～34.4	28	0.23	−0.02
34.4～34.6	323	0.23	0.18
34.6～34.8	350	0.23	0.18
34.8～35.0	371	0.17	0.10
35.0～35.2	251	0.13	0.09
35.2～35.4	129	0.11	0.10
35.4～35.6	24	0.13	0.11

注：Bias 为 SMAP SSS 与 Argo SSS 的差值，正偏差值代表 SMAP SSS 值较 Argo SSS 值高。

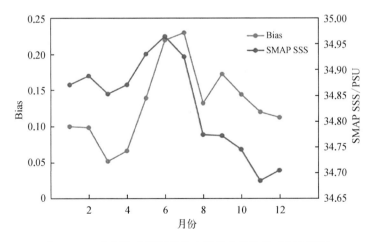

图 6 - 11 　各月海表面平均盐度及盐度偏差的时间序列图

第 7 章 深度学习在微波辐射计海表面盐度预测分析中的应用

7.1 深度学习

深度学习是在浅层机器学习基础上发展起来的,深度学习通过对原始信号进行逐层特征变换,将样本在原空间的特征表示变换到新的特征空间。深度学习作为一种机器学习方法,是在浅层学习的基础上,通过模仿人脑的信息处理神经结构,从外部输入数据中提取特征,使机器能够理解学习数据,获得具体信息[55]。1997 年,长短时记忆(long short-term memory,LSTM)网络被提出。1998 年,LeCun 等提出了卷积神经网络(convolutional neural networks,CNN)。2006 年,Hinton 等人提出的"深度学习"概念标志着深度学习进入发展期。2014 年,门控循环单元(gate recurrent unit,GRU)被提出[56],作为 LSTM 的变体,其本质是基于循环神经网络(recurrent neural networks,RNN)的,在 RNN中被广泛运用。近年来,随着深度学习的发展,深度学习神经网络被逐渐运用到海洋现象探测中[57-60]。

深度学习主要通过深度神经网络(deep neural networks,DNN)将底层的特征映射到高层,并且通过高层将特征抽象出来[61]。深度学习采用了神经网络类似的分层结构,多层网络结构由输入层、隐藏层和输出层组成,在神经元之间的每个连接都有一定的权重(见图 7 - 1)。深度学习模型构建了复杂的多层网络,下一层的输入为上一层的输出,通过多层非线性运算将提取到的样本底层特征组合成更加抽象的高级特征来达到高层特征的可视化。深度神经网络包含多层非线性映射且具有多个隐藏层,每一层可以提取出相应的特征,模型经过提取和结合来获得利于分类的高级特征。其特点可以概括为深层次、非线性和逐层特征提取[62]。

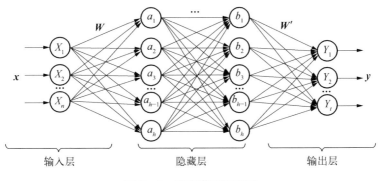

图 7 - 1 深度学习原理图

7.2 海洋上常用的深度学习神经网络模型

7.2.1 卷积神经网络

CNN[63]作为一种带有卷积结构的多层前馈神经网络,是海洋目标识别与检测常用的深度学习模型。CNN 由多层神经网络组成,且每层神经网络由多个二维平面组成,在每个平面中拥有多个独立神经元。CNN 由输入层、卷积层(convolutional layer)、池化层(pooling layer)、全连接层及输出层构成。卷积层利用卷积核对输入数据进行特征学习,卷积核的大小和数量通过人为设定,卷积核内权重共享(shared weight);池化层将对来自卷积层的数据进行下采样处理,这种方式的好处是使感受野(receptive field)变得更大,数据量被不断压缩,参数量明显降低;全连接层的主要作用是将数据特征进行连接,将数据以需要的维度形式输出(见图 7-2)。

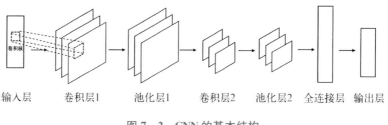

输入层　　卷积层1　　池化层1　　卷积层2　池化层2　全连接层 输出层

图 7-2　CNN 的基本结构

7.2.2　循环神经网络

RNN 是开展海洋环境信息因子预测工作时常用的深度学习模型,其通过事件发生的先后关系来挖掘时间维度的特征。RNN 通过引入定向循环来使得隐藏节点定向连接成环,从而更有利于信息传递,其将同层间不同的神经元进行连接并且在同一时间上的网络层可共享权值参数,RNN 的输入是向量序列,输出也是,从而体现出数据的时间序列性(见图 7-3)。输入数据 x 经过线性运算后连接包含权重和偏置项的隐藏层,经过线性运算后输出值。

其中,$\boldsymbol{W}$ 为隐藏层的权重矩阵,隐藏层之间通过节点相连接,并在序列数据中共享权重。$\boldsymbol{h}$ 为隐藏层的状态向量,权重矩阵 $\boldsymbol{W}$ 会在每个 $\boldsymbol{h}$ 时刻后更新,挖掘出序列变化的特征,最终的输出会受到前面多个输入层的影响。RNN 的具体计算公式如下:

$$\boldsymbol{h}_k = f_{\mathrm{h}}(\boldsymbol{W}_{\mathrm{ih}}\boldsymbol{x}_k + \boldsymbol{W}_{\mathrm{hh}}\boldsymbol{h}_{k-1} + \boldsymbol{b}_h) \qquad (7-1)$$

式中,$\boldsymbol{h}_k$ 为 k 时刻 RNN 隐藏层的状态向量;f_{h} 为非线性激活函数;$\boldsymbol{W}_{\mathrm{ih}}$ 为从输入层到隐藏层的连接矩阵;$\boldsymbol{x}_k$ 为 k 时刻的输入样本;$\boldsymbol{W}_{\mathrm{hh}}$ 为隐藏层相邻时刻之间的连接矩阵;$\boldsymbol{h}_{k-1}$ 为 $k-1$ 时刻 RNN 隐藏层的状态向量;$\boldsymbol{b}_{\mathrm{h}}$ 为偏置向量;在 RNN 中,f_{h} 通常为 sigmoid 函数或 tanh 函数。

通过 $\boldsymbol{h}_k$ 计算 o_k 的过程为

$$o_k = f_0(\boldsymbol{W}_{\mathrm{ho}}\boldsymbol{h}_k + \boldsymbol{b}_{\mathrm{o}}) \qquad (7-2)$$

式中,o_k 为 t 时刻的输出;f_0 为非线性激活函数;$\boldsymbol{W}_{\mathrm{ho}}$ 为隐藏层到输出层的连接矩阵;$\boldsymbol{b}_{\mathrm{o}}$ 为输出层的偏置向量。

RNN 中的门控算法可以分为 LSTM 和 GRU。

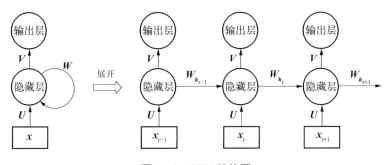

图 7 - 3　RNN 结构图

7.3 数据和方法

7.3.1 数据

本节研究采用 2015 年 4 月至 2020 年 12 月的 SMAP L3 海表面盐度数据,空间分辨率为 0.25°。数据预处理是利用 8 天的运行平均值对每个网格内所有有效的 L2C 观测数据进行均值计算,随后获得每月海表面盐度数据。图 7‐4(a)为研究区域图,图 7‐4(b)为2015—2019 年 SMAP L3 SSS 数据的概率分布与正态分布。从图 7‐4(b)中可以发现,本节研究中使用的 SSS 数据总体上遵循正态分布规律,而大部分数值集中在 33～35 PSU 范围内。2015—2019 年的平均 SSS 约为 34.1 PSU,标准偏差(σ)约为 1.03,很少存在 SSS 低于 30 PSU 或大于 36 PSU 的情况。此外,存在一些海表面盐度较低的区域(<33 PSU),这可能是由于受河流(如长江)的影响。

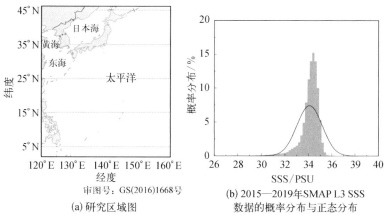

审图号: GS(2016)1668号

(a) 研究区域图

(b) 2015—2019年SMAP L3 SSS
数据的概率分布与正态分布

图 7‐4 研究区域及数据的概率分布与正态分布情况

　　表 7 - 1 列出了 SMAP L3 SSS 数据的一些详细统计信息。我们发现当前数据集存在一些极值,最小值为 2.293 0 PSU,最大值为 44.177 0 PSU。这些极值可能对应于陆地上的淡水、河流区域、海岸线或小岛附近的数据或者在数据处理过程中存在问题等。在神经网络中,这些极值可能会导致一些意想不到的梯度问题或产生额外的计算成本。根据表 7 - 1 中的海表面盐度平均值和标准偏差,利用 3σ 的准则去除极值,剩余的 SSS 范围为 30.7～37.6 PSU,平均值为 34.2 PSU。

表 7 - 1　2015—2019 年 SMAP L3 SSS 统计值

年份	最小值/ PSU	最大值/ PSU	平均值/ PSU	标准偏差	删除比例
2015 年	5.406 6	44.177 0	34.137 1	1.088	0.144 3
2016 年	2.293 0	43.618 3	34.156 0	1.157	0.143 3
2017 年	2.874 4	43.659 8	33.998 7	1.068	0.140 7
2018 年	6.759 4	43.841 9	34.006 5	1.000	0.141 7
2019 年	3.734 6	44.017 2	34.137 0	0.988	0.143 3

　　在去除极值之后,利用 Min-Max 归一化方法将所有 SSS 数据重新调整为 0～1,以防止训练期间的分布跳跃,并加速收敛率。

$$x_{\text{norm}} = \frac{x - \text{Min}}{\text{Max} - \text{Min}} \tag{7-3}$$

式中,x 为网格化的月度 SSS 数据;x_{norm} 为归一化的 SSS 数据;Max 和 Min 分别为筛选数据集中的海表面盐度的最大值和最小值。

7.3.2　方法

在本节研究中,我们使用了三种模型,分别为 LSTM 模型、ConvLSTM 模型和 Unet 模型。使用 2015 年 4 月至 2019 年 12 月的数据对三种模型进行训练和验证,并使用 2020 年的数据进行预测。在训练过程中,我们对每种模型分别进行训练,以确认其具有稳定性,并对每个模型的最佳试验进行进一步的分析。

7.3.2.1　LSTM 模型

在原 RNN 的基础上,LSTM 增加了两个新的结构:细胞状态和门结构。LSTM 利用神经网络细胞状态来记录时间序列的特征,并利用门结构来控制前一时刻的信息保留[59]。LSTM 采用门函数来控制神经元中信息的输入和输出,克服了 RNN 训练困难和梯度消失等问题。LSTM 的主要公式如下[64]:

$$\boldsymbol{i}_t = \sigma(\boldsymbol{W}_{xi}\boldsymbol{x}_t + \boldsymbol{W}_{hi}\boldsymbol{h}_{t-1} + \boldsymbol{W}_{ci}\odot\boldsymbol{c}_{t-1} + \boldsymbol{b}_i) \quad (7-4)$$

$$\boldsymbol{f}_t = \sigma(\boldsymbol{W}_{xf}\boldsymbol{x}_t + \boldsymbol{W}_{hf}\boldsymbol{h}_{t-1} + \boldsymbol{W}_{cf}\odot\boldsymbol{c}_{t-1} + \boldsymbol{b}_f) \quad (7-5)$$

$$\boldsymbol{c}_t = \boldsymbol{f}_t\odot\boldsymbol{c}_{t-1} + \boldsymbol{i}_t\odot\tanh(\boldsymbol{W}_{xc}\boldsymbol{x}_t + \boldsymbol{W}_{hc}\boldsymbol{h}_{t-1} + \boldsymbol{b}_c) \quad (7-6)$$

$$\boldsymbol{o}_t = \sigma(\boldsymbol{W}_{xo}\boldsymbol{x}_t + \boldsymbol{W}_{ho}\boldsymbol{h}_{t-1} + \boldsymbol{W}_{co}\odot\boldsymbol{c}_t + \boldsymbol{b}_o) \quad (7-7)$$

$$\boldsymbol{h}_t = \boldsymbol{o}_t\odot\tanh(\boldsymbol{c}_t) \quad (7-8)$$

式中,$\boldsymbol{i}_t$、$\boldsymbol{f}_t$、$\boldsymbol{c}_t$、$\boldsymbol{o}_t$ 和 $\boldsymbol{h}_t$ 分别为 t 时刻的输入门、遗忘门、细胞激活(细胞状态)、输出门和隐藏层的向量;$\boldsymbol{W}_x$、$\boldsymbol{W}_h$ 和 $\boldsymbol{W}_c$ 分别为从细胞、隐藏向量和细胞激活到另一个分量的权重矩阵;$\boldsymbol{b}$ 为偏置向量;$\boldsymbol{x}$ 为网络输入;下标 i、f、o、h 分别为输入门、遗忘门、输出门和隐藏状态;$\odot$、σ 和 tanh 分别为 Hadamard 乘积、logistic sigmoid

函数和双曲正切函数。

在本研究中,我们设计了一个 5 层 LSTM 模型,其中包括 4 个 LSTM 层和 1 个密集(Dense)层。图 7‑5 为 LSTM 模型的结构示意图。4 个 LSTM 层和密集层中各有 35 个滤波器。密集层使用 ReLU 函数来优化输出。在每个 LSTM 层的后面都设置 Dropout[①] 为 0.1 和批量归一化操作,以防止模型过拟合并进行优化分类[65]。

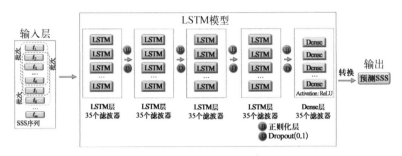

图 7‑5　LSTM 模型的结构示意图

在模型中,一个样本训练生成器是基于多个批次构建的,一个批次通常为连续的 6 个月,批次是在可用时间序列中随机选取的。我们对该模型进行了 4 000 次训练,每次随机选取 25 批作为训练输入,再随机选取 10 批进行验证。在最后一步,所有的模型输出都通过一个转换过程变为 SSS 输出。由于对输入数据维度的要求不同,每个模型的转换过程也不同。

7.3.2.2 ConvLSTM 模型

与原始 LSTM 模型相比,ConvLSTM 模型的结构使得我们在获取时间特征的同时可以使用卷积运算提取空间特征。另外,

---

① Dropout 是一种利用节点抽样代替边缘抽样来建立神经网络集成的方法。

ConvLSTM 模型使用门结构来提取和保留有用的信息[66]。卷积核 $\boldsymbol{W}_i$、$\boldsymbol{W}_f$ 和 $\boldsymbol{W}_o$ 通过二维空间矩阵的窗口滑动,得到的卷积结果根据门结构进行输入、更新细胞状态、遗忘、输出。ConvLSTM 模型的公式如下:

$$\boldsymbol{i}_t = \sigma(\boldsymbol{W}_{wi} * \boldsymbol{x}_t + \boldsymbol{W}_{hi} * \boldsymbol{h}_{t-1} + \boldsymbol{W}_{ci} \odot \boldsymbol{c}_{t-1} + \boldsymbol{b}_i) \quad (7-9)$$

$$\boldsymbol{f}_t = \sigma(\boldsymbol{W}_{xf} * \boldsymbol{x}_t + \boldsymbol{W}_{hf} * \boldsymbol{h}_{t-1} + \boldsymbol{W}_{cf} \odot \boldsymbol{c}_{t-1} + \boldsymbol{b}_f) \quad (7-10)$$

$$\boldsymbol{c}_t = \boldsymbol{f}_t \odot \boldsymbol{c}_{t-1} + \boldsymbol{i}_t \odot \tanh(\boldsymbol{W}_{xc} * \boldsymbol{x}_t + \boldsymbol{W}_{hc} * \boldsymbol{h}_{t-1} + \boldsymbol{b}_c)$$
$$(7-11)$$

$$\boldsymbol{o}_t = \sigma(\boldsymbol{W}_{xo} * \boldsymbol{x}_t + \boldsymbol{W}_{ho} * \boldsymbol{h}_{t-1} + \boldsymbol{W}_{co} \odot \boldsymbol{c}_t + \boldsymbol{b}_o) \quad (7-12)$$

$$\boldsymbol{h}_t = \boldsymbol{o}_t \odot \tanh \boldsymbol{c}_t \quad (7-13)$$

式中,$\boldsymbol{i}_t$ 为 t 时刻的输入门向量;$\boldsymbol{f}_t$ 为 t 时刻的遗忘门向量;$\boldsymbol{c}_t$ 为 t 时刻的细胞状态向量;$\boldsymbol{o}_t$ 为 t 时刻的输出门向量;$\boldsymbol{h}_t$ 为 t 时刻的隐藏层向量;$\boldsymbol{W}$ 为权重矩阵;$\boldsymbol{b}$ 为输入门到输出门的偏移向量;$*$ 为卷积运算符。

利用 ConvLSTM 模型,建立了一个 7 层神经网络模型,包括 5 层 ConvLSTM 和 2 层卷积层。图 7-6 为 ConvLSTM 模型的结构示意图,其中输入数据由 SSS 序列组成。与 LSTM 模型一样,我们使用了相同的训练和验证批次的组合,但由于 ConvLSTM 模型的复杂性和计算成本均超过前者,该模型仅训练了 200 次。每个 GRU 层有 35 个滤波器,两个卷积层分别有 35 个和 1 个滤波器。ConvLSTM 使用 ReLU 函数和 sigmoid 函数来优化输出。在每个 ConvLSTM 神经网络层的后面还使用了 Dropout 技术和批量归一化操作。

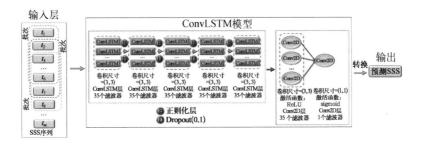

图 7‐6　ConvLSTM 模型结构示意图

7.3.2.3　Unet 模型

Unet 模型将来自解码器的深层特征与来自编码器的浅层特征相结合。本节中使用的模型与原始的 Unet 模型[67]相同,但只用了原模型中一半数量的滤波器,以便在我们的应用中获得最佳的预测性能。根据 Unet 模型的一般概念,我们的 SSS 预测模型包含两个阶段:编码阶段和解码阶段。编码阶段是一系列连续的向下采样过程,以提取特征信息。该阶段由三个步骤组成,每个步骤都有不同的滤波器,每个滤波器包含两个 3×3 的卷积层和一个 2×2 的最大池化层(见图 7‐7)。虽然解码阶段包含类似的结构,但其具有上采样过程。将 SSS 时间序列数据的张量叠加作为输入数据。具体来说,Unet 模型还包含一个 ConvLSTM 层,用来学习

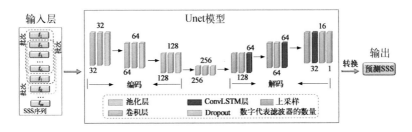

图 7‐7　Unet 模型结构示意图

数据的时间序列特征,形成预测网络的输出结构。最后一个卷积层是一个 1×1 的卷积运算,后面跟了一个 sigmoid 激活函数。

总的来说,Unet 模型的特点可以总结为以下几点:一方面,在编码阶段,图像的大小不断被压缩,但特征通道的数量不断增加,所提取的特征更抽象、更丰富,对目标的表现力更强,性能也更强。另一方面,在解码阶段,通过反卷积恢复原始图像,以获得准确的详细信息。

7.3.3　模型验证

在训练模型时,使用均方误差(MSE)和均方根误差(RMSE)来评价模型的性能,应用 Dice 系数来表示正确预测的概率。

$$MSE = \frac{1}{n} \sum_{i=1}^{n} (y_{pred} - y_{true})^2 \qquad (7-14)$$

$$RMSE = \sqrt{\frac{\sum_{i=1}^{n} (y_{pred} - y_{true})^2}{n}} \qquad (7-15)$$

$$Dice = 2 \frac{TP}{2TP + FP + FN} \qquad (7-16)$$

式中,y_{true} 为真值;y_{pred} 为模拟/预测值;n 为数据总数;TP 为正确识别的真正例,并作为真正例处理;FN 为训练模型预测为假的负例;FP 为训练模型正确预测和错误识别的假正例。

为了进一步说明预测模型对总体空间变化的预测效果,我们使用了平均绝对误差(mean absolute error,MAE)和准确度(the accuracy,Acc)来验证预测结果,其公式如下:

$$\text{MAE} = \frac{\sum\limits_{i=1}^{n} \mid y_{\text{pred}} - y_{\text{true}} \mid}{n} \qquad (7-17)$$

$$\text{Acc} = 1 - \frac{\sum\limits_{i=1}^{n} \left(\dfrac{\mid y_{\text{pred}} - y_{\text{true}} \mid}{y_{\text{pred}}} \right)}{n} \qquad (7-18)$$

7.4　结果

7.4.1　训练期间模型的表现

表 7-2 给出了模型验证的结果。从表 7-2 中可以看出,这三种模型均表现出较好的 SSS 数据拟合性能,均方误差较小,Dice 系数较高。所有模型在不同的试验中都比较稳定,验证参数的变化范围较小。LSTM 模型在三者中表现得最差,因为其结构简单,所以泛化能力也相对较弱。此外,LSTM 模型中训练数据的参数值小于验证数据的参数值,说明在训练过程中存在明显的欠拟合现象。与 LSTM 模型相比,ConvLSTM 模型中训练数据的三个参数值略大于验证数据的参数值,说明 ConvLSTM 模型可以减少过拟合问题,但存在局限性问题。与前述的 LSTM 模型不同,Unet 模型中的参数总体上是平衡的,没有明显的过拟合或欠拟合现象。Unet 模型在训练和验证过程中的性能表现最佳,其 MSE 和 RMSE 均相对较低,分别为 0.002 2～0.002 7 和 0.030 5～0.036 0,Dice 系数都在 0.995 左右。总体而言,ConvLSTM 模型和 Unet 模型的表现都优于 LSTM 模型,表明它们具有较强的处理空间特征的能力。

表 7-2　基于归一化的 SSS 模型在训练过程中的性能

模　型	次数	训练集			验证集		
		MSE	Dice	RMSE	MSE	Dice	RMSE
LSTM	1	0.004 0	0.992 5	0.062 2	0.002 2	0.996 0	0.046 5
	2	0.003 3	0.993 8	0.056 9	0.002 3	0.995 8	0.047 1
	3	0.004 9	0.990 7	0.067 8	0.002 1	0.996 2	0.045 1
ConvLSTM	1	0.003 0	0.994 4	0.036 0	0.003 3	0.993 5	0.040 0
	2	0.003 3	0.994 0	0.038 1	0.003 7	0.992 7	0.046 0
	3	0.002 9	0.994 5	0.034 4	0.004 9	0.990 1	0.055 0
Unet	1	0.002 7	0.994 9	0.036 0	0.002 3	0.995 8	0.030 5
	2	0.002 2	0.995 9	0.031 0	0.002 4	0.995 3	0.034 2
	3	0.002 6	0.995 3	0.035 0	0.002 5	0.995 4	0.033 8

7.4.2　模型在 SSS 预测中的表现

训练过程结束后,利用试验中最优模型预测 2020 年的 SSS。图 7-8 为预测结果的散点图。总的来说,三种模型都表现出良好的性能,并且这些点都集中在对角线上。从点分布上来看,所有模型都表现出相似的趋势,但都低估了大的 SSS 值,高估了小的 SSS 值。此外,低 SSS 的偏差比高 SSS 的偏差要大。在三种模型中,LSTM 模型表现最差,它普遍低估了 SSS 的值;虽然 ConvLSTM 模型和 Unet 模型也存在低估的情况,但它们的预测值更紧密地分布在对角线附近且偏差较小。

为了进一步定量评价模型,我们选用了 MSE、RMSE、MAE 和 Acc 四个统计参数,结果如图 7-9 所示。总体而言,三种模型

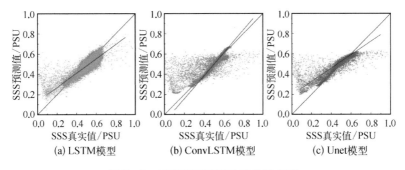

图 7‑8　三种模型预测结果的散点图

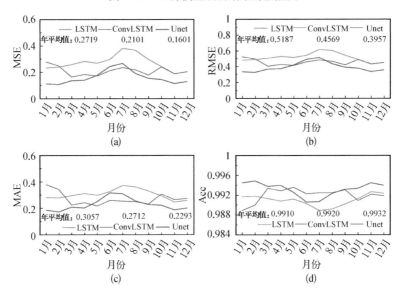

图 7‑9　验证三种模型的预测性能

的海表面盐度年平均 MSE 值、RMSE 值和 MAE 值分别为 0.160 1～0.271 9、0.395 7～0.518 7 和 0.229 3～0.305 7,准确率均超过 99％。这些结果表明,模型的预测结果与以前的研究结果[68-70] 相当,具有较好的性能。此外,从时间上考虑,在 2020 年大部分月份中,Unet 模型的性能最好,预测结果的误差最小,精度最高,而 LSTM 模型的预测结果误差最大。另外,发现 Unet 模型和 LSTM 模型的预测结果有明显的季节性变化。两种模型的预测值在夏季都出现了相对较大的偏差,而 Unet 模型最差的表现是在 7 月。与其他模型不同的是,ConvLSTM 模型除了在 1 月以外,全年都表现出相似的性能,因此其在 5—8 月成为表现最佳的模型。

　　除了统计上和时间上的变化外,我们还发现了更多的空间分布差异。与 2020 年的 SSS 真实测量值相比(见图 7 - 10),LSTM 模型预测的 SSS 相对误差较大(见图 7 - 11)。不符合实际情况的

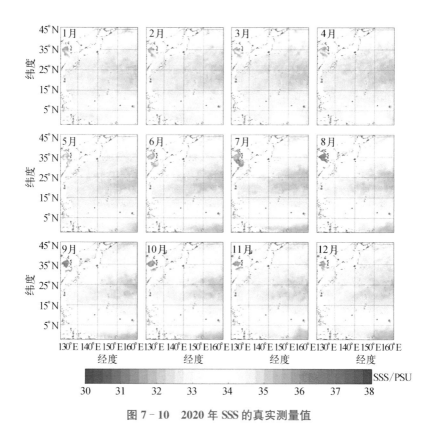

图 7‑10　2020 年 SSS 的真实测量值

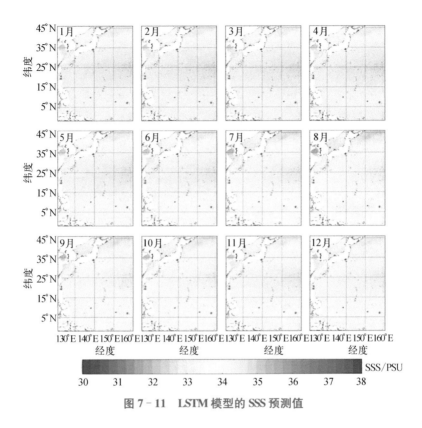

图 7‐11　LSTM 模型的 SSS 预测值

颗粒状特征(即类似噪声的模式)相当清晰,而且很难找到有规律的特征(因为每个网格都是单独变化的)。结果表明,LSTM 网络只能大致预测研究区域海表面盐度的变化趋势,5 月以后热带海域海表面盐度变化的信息几乎消失。

相比之下,ConvLSTM 模型和 Unet 模型在考虑地理信息的情况下,有效地获取了 SSS 的大部分时空变化(见图 7‐12 和图 7‐13),在预测场中包含了 SSS 值更多的细节特征,两种模型均表现出较好的空间特征和明显的时间特征,如高盐舌从热带太平洋海域向西延伸和存在盐度较低的北赤道逆流区。

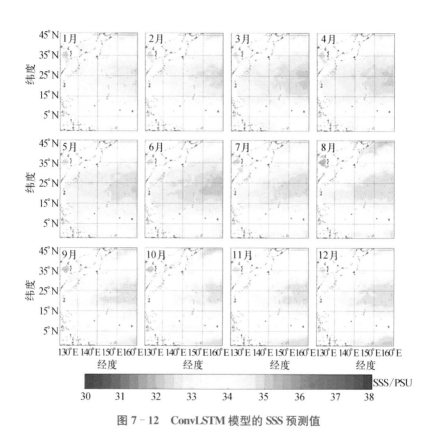

图 7‒12　ConvLSTM 模型的 SSS 预测值

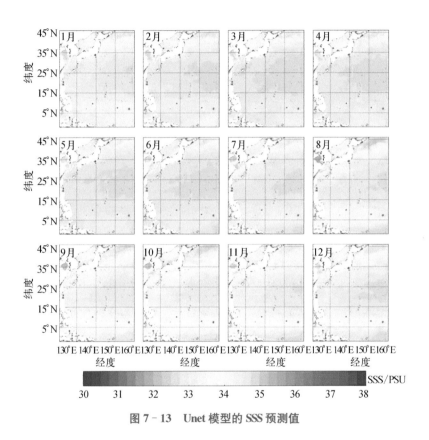

图 7‑13　Unet 模型的 SSS 预测值

7.4.3 区域差异

图 7-14(b)显示了真实测量 SSS 值和预测 SSS 值在研究区域上的季节变化情况。研究区域的 SSS 随季节变化,且早春的海表面盐度最高,夏末最低。与其他两种模型对比,LSTM 模型预测的 SSS 的季节周期性变化情况与实际 SSS 值吻合较好,但存在负偏差。相比之下,ConvLSTM 模型和 Unet 模型的预测结果都符合 2020 年大部分月份真实海表面盐度的总体变化规律,但是在预测 10 月的最低 SSS 值时,出现了预测的延迟性(1 个月后才表现出来)。

为了比较模型在低盐度和高盐度区域的表现,我们选择了东海(ECS)和黄海(YS)海域,以及太平洋中部区域[见图 7-14(c)和图 7-14(d)]。结果表明,所有模型预测时均高估了 ECS 和 YS 海域的 SSS 值,平均偏差为 0.62 PSU。真实测量 SSS 在 31.17~32.63 PSU 之间变化,但当长江在初夏雨季的流量增加时,三种模型预测值的盐度偏差可能超过 1 PSU。我们认为这种过高估计可能是由于我们使用的 3σ 准则造成的,这使得模型无法再现 SSS 低值。此外,ConvLSTM 模型和 Unet 模型对太平洋中部区域的平均 SSS 预测良好,LSTM 模型的预测结果比真实测量值低了约 0.5 PSU[见图 7-14(d)]。与其他选定的区域相比,预测模型在太平洋中部区域的预测结果误差最低,因为那里的 SSS 值随时间尺的变化最小。

除了低盐区和高盐区外,海洋锋也是海洋学和渔业研究的重要区域。在研究区域中,我们选择了黑潮延伸(KE)和亲潮(Oyashio)之间的锋面区域(即黑潮—亲潮过渡区,KOTZ)来展体

134

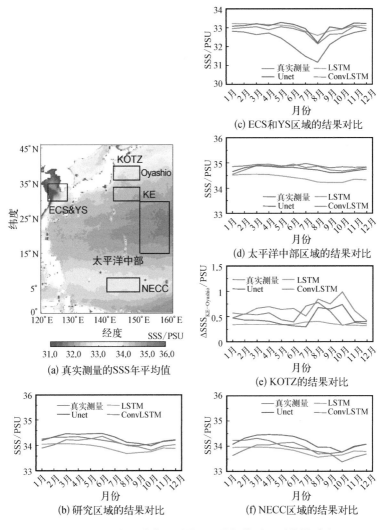

图 7‑14　研究区域真实测量 SSS 值与模型预测值的对比

现预测模型如何预测 SSS 锋面的。SSS 锋在该区域的季节性迁移导致了模型预测结果之间存在变化差异。用 KE 和 Oyashio 地区之间的差值表征的 SSS 锋面变化,在 2020 年的大多数月份约为0.5 PSU,但在夏季迅速增加到约 0.78 PSU。ConvLSTM 模型和Unet 模型均能观测到锋强,但只有 Unet 模型能较好地预测锋强的季节变化(延迟 1 个月)。LSTM 模型完全没有体现出锋面的变化,这主要是由于黑潮延伸区域的 SSS 值被低估了。

我们最后关注的是低盐度的亚热带地区,在那里北赤道逆流(NECC)占主导地位。NECC 自西向东流动,以补充东部海洋中被赤道流带走的海水,所以它具有补偿和倾斜流动的性质。NECC 区域的盐度变化范围为 33.71~34.32 PSU,预测结果表明,在该区域三种预测模型的预测结果与真实测量值一致。

7.4.4　讨论

虽然深度学习模型常被称为"黑匣子",但是它们并不完美,有时还会产生一些较大的误差。因此,有必要讨论可能的错误来源和潜在的解决方案。图 7-15(a)表示归一化的 SSS 真实测量值和预测值的概率分布情况。三种模型对 SSS 的预测结果与真实测量值有相似的平均值和偏差值,但分布范围变得更窄[见图 7-15(a)中的线条]。高值(>0.7)在所有模型中都被低估了,而低值(≤0.4)则被高估了。

造成分布变窄的一个可能的因素是我们在模型训练前用来去除极值的标准。一般来说,3σ 的准则有利于提取研究区域中的大多数 SSS 值,同时去除有问题的异常值,但它也阻碍了模型对某些特定区域 SSS 值的充分学习,例如以受淡水河水影响的 ECS 和

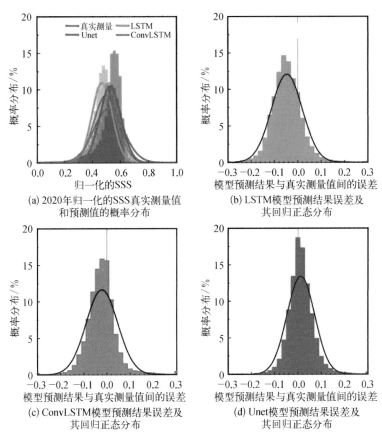

图 7‑15　2020 年归一化的 SSS 真实测量值和预测值的
概率分布及其误差和回归分布

YS 海域。同时,在筛选后的数据集中,三种模型也倾向于捕捉出
现频率较多的 SSS 值(即图 7‑8 中所示的 32～36 PSU),而靠近
边缘的值则在某种程度上被模型"遗忘"。造成该错误的原因可能
是缺乏更多的 SSS 样本,这对深度学习模型至关重要。与 SST 的
预测结果相比,对模型来说 SSS 的学习可能更加困难,因为 SSS

的可用观测数据不多。在模型训练中，SSS 小于 32 PSU 或大于 36 PSU 的情况非常少见，因此预测模型没有很好地或充分地学习到这些，即使我们用来去除极值的标准涵盖了更大的范围（30.7～37.6 PSU），预测结果中的误差也是很难避免。为了减少这些误差，需要建立特定的子域模型来增加样本中 SSS 的低值或高值的比例，这将是我们下一步研究的重点。

另一个误差源可能来自模型结构。图 7－15（b）表明，在 LSTM 模型中 SSS 被低估的情况比其他两种模型更普遍。考虑到其基本概念，LSTM 模型中的每个网格都被单独处理，模型在训练或预测过程中无法识别任何空间信息。因此，在 LSTM 模型中，小尺度特征和移动特征，如海流或涡流通常被忽略，这不仅造成了预测值颗粒状的分布情况，而且在具有以上变化特征的区域其预测值也会偏低［见图 7－14（e）］。与简单的 LSTM 模型不同，在 ConvLSTM 模型和 Unet 模型中，通过引入卷积核可以很容易地克服上述缺点，卷积核允许每个网格与相邻网格"通信"。在空间模式（见图 7－12 和图 7－13）和误差分布［见图 7－15(c)、7－15(d)］上都可以看到很大的改进。然而，需要注意的是，空间信息的学习或提取也可能导致不必要的细节丢失，在 Unet 模型中，由于多次下采样过程，这种情况可能更加严重。为了减少损失，一个可能的解决方案是调整卷积核的感受野，以便使更多的细节可以保留[71]。然而，由于检测和分类的精度对感受野的大小非常敏感，因此在模型结构和相关的灵敏度试验方面还需要进一步的改进。

参考文献

［1］Martin M J, King R R, While J, et al. Assimilating satellite sea-surface salinity data from SMOS, Aquarius and SMAP into a global ocean forecasting system［J］. Quarterly Journal of the Royal Meteorological Society, 2019, 145 (719): 705 - 726.

［2］Klein L, Swift C. An improved model for the dielectric constant of sea water at microwave frequencies［J］. IEEE Journal of Oceanic Engineering, 1977, 2(1): 104 - 111.

［3］Waldteufel P, Boutin J, Kerr Y. Selecting an optimal configuration for the Soil Moisture and Ocean Salinity mission［J］. Radio Science, 2003, 38(3): 1 - 8.

［4］陆兆轼, 史久新, 矫玉田, 等.微波辐射计遥感海水盐度的水池实验研究［J］.海洋技术, 2006, 25(3): 70 - 75, 89.

［5］Ammar A, Labroue S, Obligis E, et al. Sea surface salinity retrieval for the SMOS mission using neural networks［J］. IEEE Transactions on Geoscience and Remote Sensing, 2008, 46(3): 754 - 764.

［6］王新新, 杨建洪, 赵冬至, 等.SMOS 卫星盐度数据在中国近

岸海域的准确度评估[J].海洋学报,2013,35(5):169-176.

[7] 鲍森亮,张韧,王辉赞,等.基于现场观测资料的卫星海表盐度网格化产品误差分析与质量评估[J].海洋学报,2016,38(5):34-45.

[8] Bao S, Wang H Z, Zhang R, et al. Comparison of satellite-derived sea surface salinity products from SMOS, Aquarius, and SMAP[J]. Journal of Geophysical Research: Oceans, 2019, 124(3): 1932-1944.

[9] Dinnat E P, Le Vine D M, Boutin J, et al. Remote sensing of sea surface salinity: comparison of satellite and in situ observations and impact of retrieval parameters[J]. Remote Sensing, 2019,11(7): 1-35.

[10] Reul N, Grodsky S A, Arias M, et al. Sea surface salinity estimates from spaceborne L-band radiometers: an overview of the first decade of observation (2010-2019) [J]. Remote Sensing of Environment, 2020, 242: 1-37.

[11] Lagerloef G S E, Swift C T, Le Vine D M. Sea surface salinity: the next remote sensing challenge [J]. The Oceanography Society, 1995, 8(2): 44-50.

[12] Ratheesh S, Mankad B, Basu S, et al. Assessment of satellite-derived sea surface salinity in the Indian Ocean[J]. IEEE Geoscience and Remote Sensing Letters, 2013, 10 (3): 428-431.

[13] Gabarró C, Font J, Camps A, et al. Retrieved sea surface salinity and wind speed from L-band measurements for

WISE and EuroSTARRS campaigns [C]//Fletcher P. Proceedings of the First Results Workshop on Eurostarrs, WISE, LOSAC Campaigns. Noordwijk: ESA Publications Divison, 2003: 163 – 171.

[14] Yueh S H. Modeling of wind direction signals in polarimetric sea surface brightness temperatures[J]. IEEE Transactions on Geoscience and Remote Sensing, 1997, 35 (6): 1400 – 1418.

[15] Tang W Q, Yueh S, Fore A, et al. The rain effect on Aquarius' L-band sea surface brightness temperature and radar backscatter [J]. Remote Sensing of Environment, 2013, 137: 147 – 157.

[16] Abe H, Ebuchi N. Evaluation of sea-surface salinity observed by Aquarius[J]. Journal of Geophysical Research: Oceans, 2014, 119(11): 8109 – 8121.

[17] Entekhabi D, Njoku E G, O'Neill P E, et al. The soil moisture active passive (SMAP) mission[J]. Proceedings of the IEEE, 2010, 98(5): 704 – 716.

[18] Mohammed P N, Aksoy M, Piepmeier J R, et al. SMAP L-band microwave radiometer: RFI mitigation prelaunch analysis and first year on-orbit observations [J]. IEEE Transactions on Geoscience and Remote Sensing, 2016, 54 (10): 6035 – 6047.

[19] Niamsuwan N, Johnson J T, Ellingson S W. Examination of a simple pulse-blanking technique for radio frequency

interference mitigation[J]. Radio Science，2005，40(5)：1-11.

[20] 路泽廷,朱江,韩君,等.最新 SMOS 卫星海表盐度 L3/4 级产品的误差分析[J].海洋通报,2015,34(4)：428-439.

[21] Güner B，Niamsuwan N，Johnson J T. Performance study of a cross-frequency detection algorithm for pulsed sinusoidal RFI in microwave radiometry[J]. IEEE Transactions on Geoscience and Remote Sensing，2010，48(7)：2899-2908.

[22] De Roo R D，Misra S，Ruf C S. Sensitivity of the kurtosis statistic as a detector of pulsed sinusoidal RFI[J]. IEEE Transactions on Geoscience and Remote Sensing，2007，45(7)：1938-1946.

[23] Parde M，Zribi M，Fanise P，et al. Analysis of RFI issue using the CAROLS L-band experiment [J]. IEEE Transactions on Geoscience and Remote Sensing，2011，49(3)：1063-1070.

[24] Oliva R，Daganzo E，Richaume P，et al. Status of radio frequency interference (RFI) in the 1 400 - 1 427 MHz passive band based on six years of SMOS mission[J]. Remote Sensing of Environment，2016，180：64-75.

[25] Atlas R，Hoffman R N，Leidner S M，et al. The effects of marine winds from scatterometer data on weather analysis and forecasting[J]. Bulletin of the American Meteorological Society，2001，82(9)：1965-1990.

[26] Apel J R. An improved model of the ocean surface wave vector spectrum and its effects on radar backscatter[J].

Journal of Geophysical Research: Oceans, 1994, 99(C8): 16269 - 16291.

[27] Romeiser R, Alpers W, Wismann V. An improved composite surface model for the radar backscattering cross section of the ocean surface: 1. theory of the model and optimization/validation by scatterometer data[J]. Journal of Geophysical Research: Oceans, 1997, 102(11): 25237 - 25250.

[28] Wentz F J, Smith D K. A model function for the ocean-normalized radar cross section at 14 GHz derived from NSCAT observations[J]. Journal of Geophysical Research: Oceans, 1999, 104(C5): 11499 - 11514.

[29] Hersbach H, Stoffelen A, De Haan S. An improved C-band scatterometer ocean geophysical model function: CMOD5 [J]. Journal of Geophysical Research: Oceans, 2007, 112 (C3): 1 - 18.

[30] Yueh S H, Dinardo S J, Fore A G, et al. Passive and active L-band microwave observations and modeling of ocean surface winds[J]. IEEE Transactions On Geoscience and Remote Sensing, 2010, 48(8): 3087 - 3100.

[31] Isoguchi O, Shimada M. An L-band ocean geophysical model function derived from PALSAR[J]. IEEE Transactions on Geoscience and Remote Sensing, 2009, 47(7): 1925 - 1936.

[32] Yueh S H, Tang W Q, Fore A G, et al. L-band passive and active microwave geophysical model functions of ocean

surface winds and applications to aquarius retrieval[J]. IEEE Transactions on Geoscience and Remote Sensing, 2013, 51(9): 4619 - 4632.

[33] Shimada T, Kawamura H, Shimada M. An L-band geophysical model function for SAR wind retrieval using JERS - 1 SAR[J]. IEEE Transactions on Geoscience and Remote Sensing, 2003, 41(3): 518 - 531.

[34] Soisuvarn S, Jelenak Z, Chang P S, et al. CMOD5. H—a high wind geophysical model function for C-band vertically polarized satellite scatterometer measurements[J]. IEEE Transactions on Geoscience and Remote Sensing, 2013, 51 (6): 3744 - 3760.

[35] Monaldo F, Jackson C, Li X F, et al. Preliminary evaluation of Sentinel - 1A wind speed retrievals[J]. IEEE Journal of Selected Topics in Applied Earth Observations and Remote Sensing, 2015, 9(6): 2638 - 2642.

[36] 张培昌,王振会.大气微波遥感基础[M].北京:气象出版社, 1995: 332 - 335.

[37] 廖国男.大气辐射导论[M].周诗健,等.译.北京:气象出版社,2004: 10.

[38] Skou N, Hoffman-Bang D. L-band radiometers measuring salinity from space: atmospheric propagation effects[J]. IEEE Transactions on Geoscience and Remote Sensing, 2005, 43(10): 2210 - 2217.

[39] Sissenwine N, Dubin M, Wexler H. The U. S. standard

atmosphere, 1962[J], Journal of Geophysical Research, 1962, 67(9): 3627 - 3630.

[40] 王迎强,严卫,王也英,等.大气对星载盐度计辐射传输特性及盐度反演的影响研究[J].北京大学学报(自然科学版),2018, 54(2): 350 - 360.

[41] Yueh S H, West R, Wilson W J, et al. Error sources and feasibility for microwave remote sensing of ocean surface salinity[J]. IEEE Transactions on Geoscience and Remote Sensing, 2001, 39(5): 1049 - 1060.

[42] Meissner T, Wentz F J. The complex dielectric constant of pure and sea water from microwave satellite observations [J]. IEEE Transactions on Geoscience and Remote Sensing, 2004, 42(9): 1836 - 1849.

[43] Meissner T, Wentz F J. The emissivity of the ocean surface between 6 and 90 GHz over a large range of wind speeds and earth incidence angles[J]. IEEE Transactions on Geoscience and Remote Sensing, 2012, 50(8): 3004 - 3026.

[44] 刘万萌,童创明,彭鹏,等.海面掠入射散射特性及布儒斯特效应研究[J].微波学报,2017,33(3): 37 - 43.

[45] 张祖荫,林士杰.微波辐射测量技术及应用[M].北京:电子工业出版社,1995: 1 - 105.

[46] 王振占.海面风场全极化微波辐射测量:原理、系统设计与模拟研究[D].北京:中国科学院空间科学与应用研究中心, 2005.

[47] Monahan E C, O'Muircheartaigh I G. Whitecaps and the

passive remote sensing of the ocean surface［J］. International Journal of Remote Sensing，1986，7(5)：627 - 642.

［48］殷晓斌.海面风矢量、温度和盐度的被动微波遥感及风对温盐遥感的影响研究［D］.青岛：中国海洋大学,2007.

［49］Hollinger J P. Passive microwave measurements of sea surface roughness［J］. IEEE Transactions on Geoscience Electronics，1971，3(9)：165 - 169.

［50］Camps A，Font J，Vall-Llossera M，et al. The WISE 2000 and 2001 field experiments in support of the SMOS mission：sea surface L-band brightness temperature observations and their application to sea surface salinity retrieval［J］. IEEE Transactions on Geoscience and Remote Sensing，2004，42(4)：804 - 823.

［51］张春玲，许建平.基于 Argo 观测的太平洋温、盐度分布与变化(Ⅰ)：温度［J］.海洋通报,2014,33(6)：647 - 658

［52］张宜振,韩震,王新新,等.海面风矢量对不同极化状态海表面亮温的遥感影响研究［J］.海洋环境科学,2016,35(6)：853 - 860.

［53］王进,张杰,王晶.基于 Argo 浮标数据的星载微波辐射计 Aquarius 数据产品质量评估［J］.海洋学报,2015,37(3)：46 - 53.

［54］郭敬,陈显尧,张远凌.影响南海混合层盐度季节变化的因素分析［J］.海洋科学进展,2013,31(2)：180 - 187.

［55］Xiao Y Z，Tian Z Q，Yu J C，et al. A review of object detection based on deep learning［J］. Multimedia Tools and

Applications，2020，79(33－34)：23729－23791.

［56］Cho K，van Merrienboer B，Gulcehre C，et al．Learning phrase representations using RNN encoder-decoder for statistical machine translation[J]. arXiv：1406.1078，2014：1－15.

［57］Zhang Q，Wang H，Dong J Y，et al. Prediction of sea surface temperature using long short-term memory[J]. IEEE Geoscience and Remote Sensing Letters，2017，14(10)，1745－1749.

［58］Liu J，Zhang T，Han G J，et al. TD－LSTM：temporal dependence-based LSTM networks for marine temperature prediction[J]. Sensors，2018，18(11)：3797.

［59］Zhang K，Geng X P，Yan X H. Prediction of 3－D ocean temperature by multilayer convolutional LSTM[J]. IEEE Geoscience and Remote Sensing Letters. 2020，17（8）：1303－1307.

［60］Su H，Zhang T Y，Lin M J，et al. Predicting subsurface thermohaline structure from remote sensing data based on long short-term memory neural networks[J]. Remote Sensing of Environment，2021，260：112465.

［61］石志国,杨志勇.深度学习降维过程中的信息损失度量研究[J].小型微型计算机系统,2017,38(7)：1590－1594.

［62］乔风娟,郭红利,李伟,等.基于 SVM 的深度学习分类研究综述[J].齐鲁工业大学学报,2018,32(5)：39－44.

［63］Lecun Y，Bottou L，Bengio Y，et al. Gradient-based

learning applied to document recognition[J]. Proceedings of the IEEE, 1998, 86(11): 2278 - 2324.

[64] Mu B, Li J, Yuan S J, et al. Prediction of North Atlantic oscillation index associated with the sea level pressure using DWT - LSTM and DWT - ConvLSTM networks [J]. Mathematical Problems in Engineering, 2020, 2020: 1 - 14.

[65] Garbin C, Zhu X Q, Marques O. Dropout vs. batch normalization: an empirical study of their impact to deep learning[J]. Multimedia Tools and Applications, 2020, 79 (19 - 20): 12777 - 12815.

[66] Peng Y Q, Tao H F, Li W, et al. Dynamic gesture recognition based on feature fusion network and variant ConvLSTM[J]. IET Image Processing, 2020, 14 (11), 2480 - 2486.

[67] Ronneberger O, Fischer P, Brox T T. U - Net: convolutional networks for biomedical image segmentation [C]//Navab N, Hornegger J, Wells W M, et al. Medical image computing and computer-assisted intervention-MICCAI 2015. Switzerland: Springer International Publishing AG, 2015: 234 - 241.

[68] Tran Q K, Song S K. Multi-channel weather radar Echo extrapolation with convolutional recurrent neural networks [J]. Remote Sensing, 2019, 11(19): 2303.

[69] Song T, Wang Z H, Xie P F, et al. A novel dual path gated recurrent unit model for sea surface salinity prediction[J].

Journal of Atmospheric and Oceanic Technology，2019，37
(2)：317-325.

[70] Wei Z J，Zhai G J，Wang Z M，et al. An artificial intelligence segmentation method for recognizing the free surface in a sloshing tank[J]. Ocean Engineering，2021，220：1-15.

[71] Liu T，Zhang C Q，Wang L M. Integrated multiscale appearance features and motion information prediction network for anomaly detection[J]. Computational Intelligence and Neuroscience，2021，2021(S1)：1-13.

读者可以扫描下方二维码，获取高清电子版图书。